写真家だけが知っている
動物たちの物語

写真家だけが知っている
動物たちの物語

ロザムンド・キッドマン・コックス

最高の瞬間との出会い

　おもしろい写真、目を引く写真はこの世界にたくさんあるが、人々の胸に深く刻まれるのは、そこに物語を秘め、心を揺さぶる魅力をたたえた作品だけだ。本書には、まさにそんな写真が掲載されている。すべて、写真コンテスト「ワイルドライフ・フォトグラファー・オブ・ザ・イヤー」のこれまでの受賞作だ。有名な作品も、それほど知られていない作品もあるが、どの写真にも「物語」がある。一枚一枚に、写真家が遭遇した一瞬の出来事や、動物たちのユニークな生態の一幕が収められているのだ。

　ここぞという瞬間を撮影できるかどうかは、運次第だと思われがちだが、自然を相手にした場合、偶然良い写真が撮れるということはまずない。被写体が野生動物の場合はなおさらだ。見る人の心を打つ写真を撮るためには、経験を積み、撮影技術はもちろん野外生活のノウハウを身に付け、然るべき場所に然るべき時に赴き、動物の行動を予測し、構図を見極めることが必要なのだ。本物の野生動物の写真家は、動物たちが次にどう行動するのか、するどい勘が働く。それゆえ滅多にない最高の瞬間に、すかさずシャッターを切ることができるのだ。

　素晴らしい作品の陰には、写真家のたゆみない努力がある。一瞬の行動をとらえ、印象的な作品に仕上げるために、何年も挑み続けているのだ。自然の魅力を知り、自然を愛することも大切だ。そんな写真家の抱く思いこそが、作品に輝きを与えることも少なくない。

働くハキリアリ、コスタリカ
ベンス・マテ
前のページ：氷が張るのを待つホッキョクグマ、カナダ、ハドソン湾
トーマス・D・マンゲルセン
最初のページ：ヒナの毛づくろいをするアナホリフクロウ、ブラジル、パンタナル
ベンス・マテ

目次

5	最高の瞬間との出会い	32	究極のバランス シロイワヤギ ジョエル・サートレイ
8	100万匹の分業 ハキリアリ ベンス・マテ	34	命がけのつまみ食い ホッキョクグマ ジェニー・E・ロス
10	花びらの行列 ハキリアリ エイドリアン・ヘップワース	36	海氷の後退で…… ホッキョクグマ ハウイー・ガーバー
12	生きていく知恵 ユキウサギ ジム・ブランデンバーグ	38	体で巣を作る グンタイアリ クリスチャン・ツィーグラー
14	つかの間のくつろぎ ヒゲペンギン マリア・ステンゼル	40	ハエの背くらべ ナガズヤセバエ クラウス・タム
16	奇跡のチョウ オオカバマダラ アクセル・ゴミレ	42	母と娘の熾烈な戦い トラ アンディ・ラウス
18	贈り物 オオタスキアゲハ ビル・ハービン	44	勇敢な卵泥棒 ハエトリグモ マーク・W・モフェット
20	涙をもらう ガ デビッド・ヘラシムチャック	46	熟練のハンター ハイイログマ ポール・スーダーズ
22	物思うヒヒ チャクマヒヒ エイドリアン・ベイリー	48	水中生活 ビーバー ルイ=マリ・プレオー
24	ヒナを守る アデリーペンギン リンク・ガスキング	50	森の大工 ビーバー ベンジャム・ペンティネン
26	100匹の子守り ガビアル ウダヤン・ラオ・パワール	52	巣に向かって一直線 カワセミ チャーリー・ハミルトン・ジェームズ
28	押し寄せる轟音 ジャコウウシ エリック・ピエール	54	夫婦で子育て カワセミ アンジェロ・ガンドルフィ
30	2匹の物語 ホッキョクギツネ、アカギツネ ドン・グトスキー	56	海底の怪獣 タイセイヨウセイウチ ゴラン・エルメ

58	**求愛の切り札** オオニワシドリ ティム・レイマン	84	**生きている食料貯蔵庫** ミツツボアリ マイク・ギラム	110	**隠れ家はシェアハウス** マーラ ダリオ・ポデスタ
60	**縄張り争いの死闘** ヘルベンダー デビッド・ヘラシムチャック	86	**愛と死の吹雪** カゲロウ ホセ・アントニオ・マルティネス	112	**ヘビを一飲み** チュウヒワシ ホセ・B・ルイス
62	**折り重なる求婚者** アオウミガメ マルセル・グベルン	88	**芸術的な漁法** バンドウイルカ ブライアン・スケリー	114	**森を埋め尽くす大群** アトリ エバルト・ネッフェ
64	**湖面の美技** オオヨシキリ ベンス・マテ	90	**希望の双子** マウンテンゴリラ ダイアナ・レブマン	116	**貴重な食べ物** アカライチョウ ロン・マッコーム
66	**空き家の住人** アナグマ カイ・ファガーストロム	92	**息継ぎ** イッカク ポール・ニックレン	118	**雪原の刺客** コチョウゲンボウ スティーブ・ミルズ
68	**シマウマの子を抱く** ライオン エイドリアン・ベイリー	94	**猛者同士の格闘** キタゾウアザラシ ティム・フィッツハリス	120	**掃除屋たち** ハゲワシ チャーリー・ハミルトン・ジェームズ
70	**ギャングの掟** フォークランドカラカラ アンディ・ラウス	96	**群舞** フラミンゴ トッド・グスタフソン	122	**ごみ漁り** コウノトリ ヤスパー・ドゥースト
72	**父の奮闘** ウシガエル マーク・ペイン＝ジル	98	**尻尾でぶらんこ** マラバーラングール トーマス・ビジャヤン	124	**卵を守る父の長い足** ノコギリイッカクガニ ホルディ・チアス
74	**恋が成就した瞬間** ダチョウ ダヌップ・シャー	100	**圧巻の大移動** ムンクイトマキエイ フロリアン・シュルツ	126	**氷上にジャンプ！** コウテイペンギン ポール・ニックレン
76	**命を懸けたレース** ジャガー ジギ・コーキ	102	**謎の行進** クモガニ パスカル・コベー	128	写真家一覧
78	**小さな肉食動物** イエネコ イゴール・シュピレノック	104	**不思議な交流** ヒョウアザラシ ポール・ニックレン	130	インデックス
80	**決闘（デュエル）！** ハクガン、ホッキョクギツネ セルゲイ・ゴルシュコフ	106	**冷血な殺し屋** アメリカワニ アレハンドロ・プリエト		
82	**自己アピール** アマゾンカワイルカ ケビン・シェーファー	108	**奇跡の出産** セグロウミヘビ エイドリアン・ヘップワース		

100万匹の分業
ハキリアリ

　力持ちのアリが主役のシンプルで美しい写真。コスタリカの熱帯雨林に生息するハキリアリの複雑な日常の一幕を切り取った作品だ。ハキリアリには、小型と中型、そして兵隊アリとも呼ばれる大型の働きアリがいる。写真の中型の働きアリは、切り取った葉を抱えてアリたちの"高速道路"を通り、コロニーへ戻ろうとしている。彼女たち（働きアリはすべて雌）は隊列をなし、若木か梢のみずみずしく軽い若葉を選んで切り取ると、巣の地下にあるキノコ園に運び込む。コロニーの主食であるキノコは、植物で作られた菌床を栄養源にして育つのだ。キノコの生産性が高いほど、巣を大きくできる。

　写真家は、様々なアングルから光を当て、葉に乗っている小型の働きアリのシルエットを浮き上がらせる構図にたどり着いた。体長わずか2ミリほどの小型働きアリが、切り取られたばかりの葉に飛び乗ると、中型働きアリは、体の一部をこすり合わせて鳴き声をだし、出発の合図をする。小型働きアリには色々な任務がある。見張りもその一つだ。アリに卵を産み付けて寄生するハエから、中型働きアリを守る。

　撮影時は、ハエが活動しない夜間だったため、小型働きアリは他の仕事に勤しんでいる。キノコ園が汚染されるのを防ぐため、切り取った葉に付着している微生物を除去しているのだ。総勢100万匹のハキリアリ（学名 Atta colombica）のコロニーでは、こうした緻密な分業が日々行われている。

撮影　ベンス・マテ

花びらの行列
ハキリアリ

　ここは、コスタリカのラ・セルバ・バイオロジカル・ステーションの熱帯雨林。露光時間を2秒にし、最後にストロボを用いることで、花びらが流れるように動いていく様子をとらえている。アーモンドの木から花びらを取り、運んでいるのはハキリアリだ。

　花びらの上に乗っている小型のアリもちらほら見える。コロニーの中で一番小さな働きアリで、匂いを付けた道の保守や、運搬中の花びらや葉の掃除をするとともに、運搬係の働きアリたちが寄生性のハエに襲われないよう見張るのが仕事だ。

　花の行列ができているのは、落ち葉で埋め尽くされた地面からのぞく、アーモンドの木の根の上だ。撮影日の朝、アリたちはこのルートに道しるべになる匂いを付けた。アーモンドの花びらは、季節限定の逸品。軽くて水気が多いため、コロニーの地下にあるキノコ園の菌床を作るのに、打ってつけなのだ。熱帯雨林に咲いている花の種類によっては、ハキリアリが集める材料の40%以上を花びらが占めることもある。

撮影　エイドリアン・ヘップワース

生きていく知恵
ユキウサギ

　カナダ高緯度北極圏に浮かぶエルズミア島に秋が訪れた。たくさんのユキウサギが、丘の上で休んでいる。ユキウサギのこんなに大きな群れを、ジム・ブランデンバーグが初めて撮影したのは1986年のことだった。この島での本来の目的は、ホッキョクオオカミの撮影だったが、ユキウサギがホッキョクオオカミの獲物である以上、両者の生存は切っても切れない関係にある。

　ウサギが、時として100匹を超える大きな群れになるのは、オオカミから身を守るために違いない。鳥の群れと同じように、多数が固まることで安全を確保しているのだ。群れを作るのは、ユキウサギの中でも、一年中白い毛皮をまとっている、極北に生息する個体だけだ。束の間の夏のために被毛の色を変えるのは、エネルギーの浪費だが（オオカミも極北の個体だけ年中白い）、白いままではツンドラの雪が融けると目立ちすぎて外敵に狙われやすい。そこで群れを作って、一匹一匹が狙われる確率を下げているのだ。

　ジムの観察によれば、「草を食んでいるところにオオカミが近づくと、ウサギの群れはまず、鳥の群れのように一斉に同じ向きに動き、それから四方八方に逃げていく」という。夏には、被毛が白に生え変わる途中の若いウサギが群れを成していることが多い。すばしっこい大人のウサギに比べ、まだ走るのが下手な若いウサギは、捕食者にとって格好の獲物だ。写真の群れは大人と1年目の若いウサギたちのようだ。雪が降れば、ウサギは周囲の色にまぎれて目立たなくなるが、その点は白いオオカミも同じだ。雪景色に溶け込み、どこからともなく忍び寄ってくる。

撮影　ジム・ブランデンバーグ

つかの間のくつろぎ
ヒゲペンギン

　アイゼンのような爪、鋭いくちばしを駆使し、翼でバランスを取りながら、ヒゲペンギンが氷山に登る。天敵のヒョウアザラシが近づけない氷の頂は、ゆっくりと羽繕いができる安全地帯だ。ペンギンの足は、なぜ氷の上でも凍らないのか。ペンギンは体の末端の血液の流れをコントロールできるだけでなく、脚の付け根で、逆方向に流れる動脈と静脈が熱交換を行って、足先の温度を氷が溶ける温度の直前まで下げている。体温で氷が溶けないので、足が凍りつくこともない。

　南極海に浮かぶこの氷山の近くには、広大なヒゲペンギンのコロニーを擁するザボドフスキー島がある。サウス・サンドウィッチ諸島を構成する秘境の火山島で、陸生の天敵がいないため、150万羽ほどのヒゲペンギンが繁殖のために集う。ヒナに与えるオキアミや小魚にも事欠かないため、冬になる前に羽毛が生えそろうよう子育てをするペンギンの親にとって、絶好のロケーションなのだ。

　撮影時は、南極の夏としては珍しく穏やかな朝だったため、ペンギンたちは氷山の上でくつろいでいた。写真家が小さなヨットの上でカメラを構えることができたのも、天候に恵まれたからだ。ザボドフスキー島周辺の海は、偏西風や嵐を遮る陸塊がないため、普段から荒々しいことで知られている。

撮影　マリア・ステンゼル

奇跡のチョウ
オオカバマダラ

　モミの木が茂るメキシコ中部エル・ロサリオの山岳地帯の水たまりに、何千というオオカバマダラが群がる。このチョウは、すさまじい大群でモミの木を埋め尽くすように越冬し、気温が上がり始める3月半ば、冬眠から覚め、水を求めて飛び立つ。気温が安定している山の南西側の斜面は、冬の間、1億匹ものオオカバマダラを寒さや雨、外敵から守る、メキシコ有数の越冬地だ。

　チョウたちは、米国や遥か北のカナダのオンタリオから最長3000キロもの旅をし、10月から11月にかけて飛来する。4カ月間、腹部に蓄えた脂肪で生き延び、春の日差しを感じた今、水を求めて山を下りはじめたのだ。恋も芽生え、風の条件が良ければ、次々と北に移動を始める。五大湖周辺に飛来するオオカバマダラは、おおかた米国のメキシコ湾沿岸や中部で産卵をした群れの子孫だが、中にはメキシコから一気に北上してくるつわものもいる。途方もない身体能力と飛行技術を要する神業だ。

　1990年代には渡りをするオオカバマダラは10億匹と推定されていた。それが現在では、メキシコにおける森林伐採、渡りに欠かせない蜜をたたえる花の減少、殺虫剤の使用、幼虫の餌となるトウワタの減少（主原因は除草剤の使用）などの要因が相まって、過去20年間で90%も減少してしまった。

撮影　アクセル・ゴミレ

贈り物
オオタスキアゲハ

　メキシコの川辺の湿った砂利から、雄のオオタスキアゲハが水を吸い上げている。地面に伸ばしているストロー状の口吻は、長く伸びた左右の口器がチャックのように合わさってできている。口吻の外側のクチクラ層には弾性のあるたんぱく質が含まれていて、口吻を伸ばしている筋肉が弛緩すると顔の下に巻き戻る仕組みだ。
　写真のアゲハは、カメラがかなり接近しても素知らぬ顔で、5分以上水を飲み続けていた。北米のほぼ全土と南米の一部に生息するオオタスキアゲハは、チョウの中では寿命が長く、雄は数カ月生きる。ぬれた土の上などで水を飲んでいるのは主に雄だ。動物の尿や、腐敗物、死肉、糞などの水分を吸い上げていることもある。
　ある程度飲むと尻から水を排出することから考えて、主目的は水ではない。主食の花の蜜だけでは不足するナトリウムなどのミネラルを補っているのだ。アミノ酸の摂取も目的かもしれない。雄のオオタスキアゲハは、栄養を貯め込み、交尾の際に精子とともに雌に受け渡すのだろう。パートナーが産む受精卵が生き抜いていくための贈り物だ。

撮影　ビル・ハービン

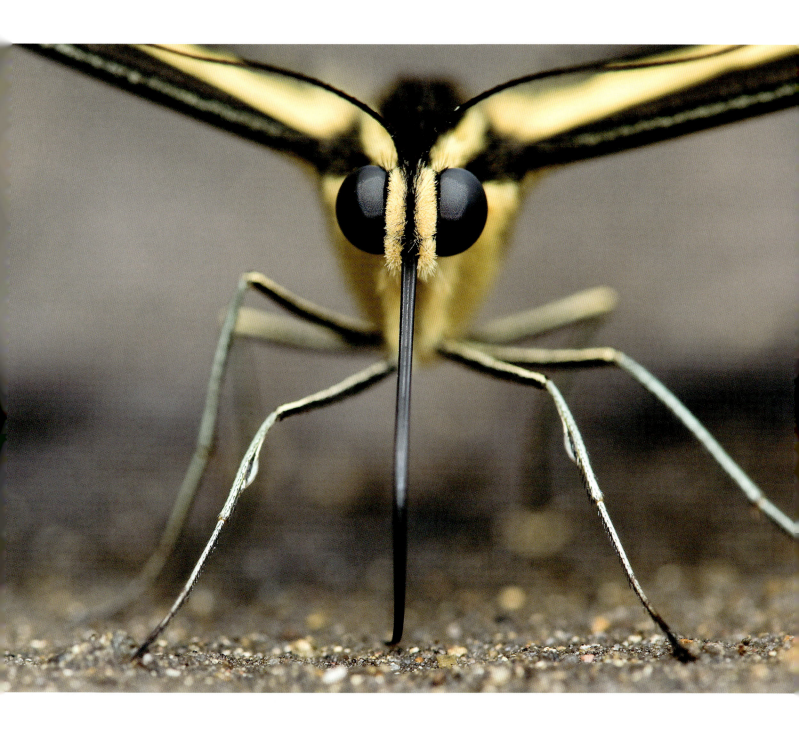

涙をもらう
ガ

　南米の熱帯雨林に夜のとばりが下りると、昼間とは別の動物たちが食事のために姿を見せる。ここエクアドルの沼沢林(しょうたくりん)には、食べ物をあさるアメリカバクの涙管から涙を飲むガがいる。食事の合間に一休みしているバクを見つけては、目にとまって水分を吸うのだ。

　熱帯や亜熱帯に生息するガには、ナトリウムをはじめとするミネラルの摂取のために、動物の涙を飲む種がたくさんいる。蜜を吸うのに適したストロー状の口吻は、液体しか取り込むことができないからだ。涙を飲んでいるガは、ほとんど雄だ。写真のガも、お尻の部分から雌を惹きつける臭いを出す腺が伸びているので、雄だということがわかる。おそらく、神経や筋肉の発達に欠かせないナトリウムなどのミネラルを取り込み、精子とともに雌に受け渡すことで、卵の栄養にしているのだ。ガが涙をもらう動物はある程度決まっていて、有蹄類(ゆうているい)が多い。涙の成分が適しているか、あるいは単純に有蹄類が総じて穏やかな生き物だからだろう。

　中には、涙の分泌量を増やすために、口吻を使って目を刺激するガもいる。眠っている哺乳類や、稀に鳥類のまぶたの下に口吻を差し込んで涙を飲むこともある。また比較的寿命の長い数種のガは、雌雄ともに涙からわずかなたんぱく質を取り込むことがわかっている。そして涙を飲むガの多くは、動物の体の他の部分からの分泌物も吸い、数種のガは血液も吸うことが確認されている。

撮影　デビッド・ヘラシムチャック

物思うヒヒ
チャクマヒヒ

　熱帯地方の乾季には、早朝や夕方になると、水たまりや湧き水、小川などに動物たちが集まってくる。鳥や哺乳類は普通、定期的な水分補給が欠かせない。ハトやチャクマヒヒは毎日水を飲む。写真のヒヒは、ジンバブエのマナプールズ国立公園の若い雄だ。群れの先頭を切って水場に到着し、アフリカジュズカケバトの死骸を発見した。毎朝群れで水場に舞い降りるハトを狙って、周囲の木ではラナーハヤブサやオオタカといった捕食者が目を光らせている。このハトもおそらくハヤブサが仕留めたのだが、丁度その時ヒヒの群れがやってきたために、捨て置かれたのだろう。

　ヒヒは植物だけでなく、小さな哺乳類や死肉を食べる。ただ、他の肉食動物と違って、この若いヒヒは単なる食べ物としてハトをつかんでいるようには見えなかった。そっとハトを手に乗せると、しばらくの間、裏返したり匂いを嗅いだりしていた。写真家の目には、「深く考え込んでいるような面持ちで死骸を見つめている」ように映ったという。ヒヒは、高度な社会性を持ち、仲間と強い絆で結ばれ、初めて見る物に旺盛な好奇心を示す。ようするに、高い知性を持つ動物なのだ。

　このヒヒは、まだ温かい亡骸に遭遇した時の人間と同じような気持ちを抱いたのかもしれない。最終的にはヒヒはハトを食べた。野生動物の肉を食べる習慣のある人間がこのハトを見つけたら、このヒヒと何ら変わらない行動をするだろう。

撮影　エイドリアン・ベイリー

ヒナを守る
アデリーペンギン

　勇敢なアデリーペンギンが、ヒナたちを狙うオオフルマカモメを威嚇する。ヒナは親鳥が海に食べ物を捕りに行っている間、一カ所に固まって身を守る。オオフルマカモメやトウゾクカモメの脅威が迫ると、近くにいる大人のペンギンが追い払う。普通のオオフルマカモメは茶色だが、写真の個体は珍しい白変種だ。パースペクティブ（遠近感）の関係で小さく見えるが、実際には、大声を上げながら翼をばたばたさせているアデリーペンギンよりも、ずっと大きい。ペンギンのヒナなど、簡単に引きずり出してくちばしで突き殺すことができる。

　普段はハゲワシのように、ペンギンやアザラシの繁殖地を徘徊して、命を落とした子供の死骸をついばんでいるが、死肉が手に入らなければ、親からはぐれた小さなヒナや群れの端のほうにいる少し成長したヒナをさらうのだ。親たちが海に魚を捕りに行くときに、ペンギンのヒナが写真のように身を寄せ合うのは、だいたい生まれてから20〜30日くらいの時だ。集団の大きさは周囲に天敵を追い払う大人が何羽いるかによって変わってくる。

　写真のヒナたちくらいに成長すると、南極大陸にいる天敵のナンキョクオオトウゾクカモメに狙われることはあまりない。オオフルマカモメよりも小型のため、ある程度大きくなったペンギンのヒナは滅多に襲わないのだ。とはいえ、羽毛が生えそろった後もヒナたちの受難は続く。沖合ではヒョウアザラシが、初めて海に入る若いペンギンを虎視眈々と狙っている。

撮影　リンク・ガスキング

100匹の子守り
ガビアル

　インド中部のチャンバル川で、早朝から大きな雌のガビアルが奮闘している。子供たちが泳ぎ寄り、大きな頭によじ登ってきたのだ。川に浮かぶ島のような頭は、日光浴にもってこいの安全地帯なのだろう。この雌は、昔からこの川岸で繁殖しているガビアルのコロニーの一員だ。

　母親たちは巣の上で卵を守り、子の産声が聞こえると、孵(かえ)り始めた地中の卵を掘り起こす。今は、この雌が中心になって、100匹ほどの子供たちを川の中で見守っている。母親たちは父親と思われる数頭の雄とともに、一カ月余りにわたってここで子育てをする。

　やがてモンスーンの雨が降り注ぐと、もっと水深のある所で魚を捕るために下流に向かう。おそらく、子供たちも洪水で下流に流される。ガビアルは、ジャッカルやオオトカゲといった天敵に子供が襲われないよう警戒を怠らないが、他の種類のワニと違い走って追い払うことはできない。陸上では、地面から体を持ち上げることができないため、腹ばいで移動するしかないのだ。

　チャンバル川は、魚を主食とするガビアルにとって最後の砦だ。かつてはインド亜大陸全土に生息していたガビアルだが、狩猟や、ダム、運河、灌漑など川の開発による、取り返しのつかない環境の変化によって激減した。すでに近絶滅種となっているが、繁殖地における砂の採掘、違法な漁、卵の略奪、汚染など受難は続く。滔々(とうとう)と流れる豊かな川でなければ生きられないため、開発による水量の減少も打撃になっている。

　ガビアルは10歳でようやく大人になる。現在、大人のガビアルの生息数は推定1400匹で、そのうち繁殖可能な年齢のガビアルは主にチャンバル川に生息している。写真の子供たちは、本当にかけがえのない存在なのだ。

撮影　ウダヤン・ラオ・パワール

押し寄せる轟音

ジャコウウシ

　凍てつくツンドラの平原を、ジャコウウシの群れが轟音を上げて疾走してくる。本来、北極圏に住むジャコウウシがこんな風に走るのは、オオカミの群れに追われたときだけだ。密生する内側の毛と長く豊かな外側の毛に覆われ、熱がこもりやすいジャコウウシは、長距離を走ると体温が上がりすぎてしまうため、通常は捕食者に立ち向かうことで身を守る。

　単独でいる時に襲われた場合は、敵に突進する。人間が縄張りに入ると、殺されることもあるという。一方、群れで行動しているジャコウウシは、ずらりと並び真正面から捕食者に立ち向かう。雌雄どちらにも上向きに湾曲した尖った角があり、襲ってくればオオカミでもクマでも突き刺して放り投げる。

　オオカミの群れに襲撃されると、大人が外側を向いて小さな円陣を組み、子供を中心に入れて守る。体の大きな大人は、オオカミに頭突きや、角を引っ掛けて倒してから踏みつけるといった攻撃を加えることもある。雄の場合、角の付け根部分が幅広になって頭部を覆っており、頭突きの衝撃を吸収する。オオカミの作戦は、ジャコウウシを驚かせ、逃走するように仕向けることだ。そうして、後れを取った子供や弱った個体を仕留めるのだ。

　カナダのビクトリア島でこの写真を撮影した時、写真家はホッキョクオオカミを追っていた。ジャコウウシを驚かさないよう、慎重に回り道をして風下から近づいたが、500メートルまで接近したとき、突然、写真家の存在に気づかないまま突進してきたのだ。残念ながら、ジャコウウシの群れが突然走り出す原因のほとんどは、低空飛行する飛行機やヘリコプター、スノーモービルなど、人為的なものだ。

撮影　エリック・ピエール

2匹の物語
ホッキョクギツネ、アカギツネ

　ホッキョクギツネをアカギツネが仕留めるという珍事をとらえた、稀有な写真。温暖化が進み、体の大きなアカギツネが、北方のホッキョクギツネの縄張りに侵入するようになれば、こういったことは珍しくなくなるかもしれない。写真家が、カナダのハドソン湾沿岸のワプスク国立公園を訪れていたとき、遠くの方で何かを追いかけているアカギツネが目にとまった。それが何だかわかる距離まで近づいたときには、すでに小さいほうのキツネは死んでいた。アカギツネがホッキョクギツネの体の大部分を食べ終わり、残りを後で食べるために隠そうと引きずり始めたところで、シャッターを切った。

　アカギツネは最初から意図してホッキョクギツネを狙っていたわけではないだろう。この2種類のキツネは通常、鉢合わせにならないよう互いを避けて行動している。だが、双方ともレミングなどのげっ歯類を捕食するため、縄張りが重なる場所では、争いになる可能性も否めない。撮影時は、一面雪に覆われ、気温は摂氏マイナス30度。食べ物を探すのがままならない季節だったことも珍事の一因に違いない。

　将来、北極の気温が上昇し続け、ツンドラが森に変われば、ホッキョクギツネの生息地はさらに狭まり、アカギツネは一層北へ進出するだろう。アカギツネは体の小さなホッキョクギツネを殺すことができるだけでなく、狩りに長けているため、生存競争の面でも有利だ。冬がますます暖かく、短くなれば、内陸のホッキョクギツネが捕食するレミングの数も減るだろう。したたかに生きるアカギツネと違い、ホッキョクギツネは将来が危ぶまれる。

撮影　ドン・グトスキー

究極のバランス

シロイワヤギ

　切り立った崖の岩肌で、雌のシロイワヤギが死を恐れない妙技を見せる。岩登りの名手シロイワヤギにとっては、ごく日常的な行動だ。米国モンタナ州にあるグレイシャー国立公園のシロイワヤギは、岩の間から染み出しているミネラルを舐めるためにこの渓谷の崖を下りる。そのことを知っていた写真家は、渓谷の反対側に陣取ってカメラを構えた。
　予想通り、シロイワヤギが現れ、一歩一歩着実に、巧みにバランスを取りながら崖を下りていく。北米に住むこの動物は、実はヤギではない。ヨーロッパのシャモアや、アジアのカモシカといった山岳地帯に生息する動物の仲間だ。岩に登るため、蹄は幅が狭く、先が分かれていて鋭い。足裏には弾力のある滑り止めが付いている。岩棚に足を引っかけ、体を真上に引き上げるため、肩の筋肉が発達し、首もがっしりとしている。
　撮影時、シロイワヤギはいったん、ミネラルの染み出している箇所の向かい側にある小さな岩棚の上に、4本の足すべてをのせて体勢を整えた。そして前足を使って体を押し出すと、岩の割れ目に顔を突っ込んだ。そして舐め終わると、完璧なバランスを保ちながら、先程と真逆の動きをして小さな岩棚の上に戻った。それからゆっくりと体の向きを変え、崖を登っていった。壁にぴったりと体を寄せ、ほぼ垂直に、筋力だけで体を持ち上げていく。すぐ上に足掛かりとなる岩がない場合には、水平にじわじわと移動する。時折、ワシに子供をさらわれることはあるものの、切り立った険しい岩場にいれば、他の捕食者はまず近づくことができない。それでも決して安泰というわけではない。春の雪崩や、落石、そして冬の飢えがシロイワヤギを容赦なく襲う。

撮影　ジョエル・サートレイ

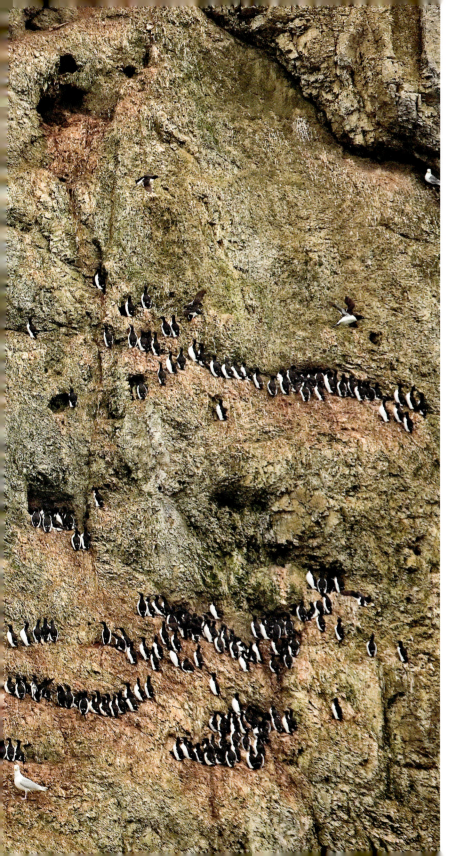

命がけのつまみ食い
ホッキョクグマ

　小さな鳥の卵を取るために断崖絶壁を下りるとは、よほど追い詰められたのだろう。ハシブトウミガラスのコロニーで、腹をすかせた若い雄のホッキョクグマが、崖にしがみ付いて卵をあさっている。近くでは、本来、ハシブトウミガラスの唯一の天敵であるシロカモメが、おこぼれにあずかろうと待ち構えている。

　ホッキョクグマは随分長いこと崖で卵を取っていたようだ。岩登りをするような体に生まれついていない巨大な動物には、骨の折れる仕事だ。ちっぽけな卵を取るために多大なエネルギーを消費するだけでなく、真っ逆さまに海に落ちる危険だってある。このホッキョクグマは、海に氷が張らなくなってきたため、やむを得ずロシア北極圏国立公園の一角であるノバヤゼムリャ列島のこの島に上陸したのだ。

　かつて、これらの島の遥か北や東に張る海氷は、夏でも解けることがなかった。しかし近年、解ける時期が早くなり、氷が後退したため、ホッキョクグマは陸に上がらざるを得なくなった。海が再び凍るまで、空腹に耐えながら長い夏や秋を過ごさなくてはならない。氷さえ張れば、脂肪の豊富な海生哺乳類のアザラシにありつけ、再び巡ってくる食料の乏しい季節に備え、エネルギーを蓄えるのだ。科学者の予想通り現在の温暖な気候が続けば、北極圏の一部の地域では氷のない時期がますます長くなり、ホッキョクグマの生息地は狭まるだろう。

撮影　ジェニー・E・ロス

海氷の後退で……

ホッキョクグマ

　海岸にホッキョクグマが集まっている。波間に目を光らせているようだが、海を眺めているわけではなく、食事中だ。ご馳走は、コククジラの死骸。一週間前にシャチに仕留められ、アラスカの北の海に突き出たバロー岬の近くに打ち上げられた。シロカモメも恩恵にあずかろうとやって来た。写真に写っている大人の雄と雌、若い個体、子供の他に、30頭以上のホッキョクグマがこの海岸に集っている。そしてこの他にも数キロ内に50頭のホッキョクグマがいる。

　ホッキョクグマがよくこの海岸にやってくるのは、イヌイットが捕ったホッキョククジラの残り物が目当てだ（写真の背景に、肉を取った後の骨が写っている。イヌイットは認められている年間捕獲枠の範囲でクジラを捕る）。本来、こんなに多くのホッキョクグマが一カ所に集うことはない。海氷が融け、残っていた氷も嵐で何キロも離れたチュクチ海の沖合に流れてしまったため、ホッキョクグマたちは海が再び凍るまで、陸に足止めされているのだ。

　2002年8月に撮影したこんな光景は、そうそう見られるものではないが、海氷の後退はこの年に限ったことではない。他の場所に比べればまだましだが、ロシアとアラスカに挟まれた極北のチュクチ海でも、ホッキョクグマが生きていくのに必要な海氷が年々減ってきている。氷がない時期には、死肉や卵、木の実といった陸上の食べ物で食いつなぐ。ただ研究によれば、巨大なホッキョクグマが長く生きるためには、少なくとも半年間は氷上で脂肪たっぷりのアザラシを食べる必要があるのだという。

撮影　ハウイー・ガーバー

体で巣を作る
グンタイアリ

　パナマのバロ・コロラド島の熱帯雨林では、夕暮れが近づくとグンタイアリの第一陣が、自分たちの体で巣を作り始める。強力な爪とあごを駆使して互いにつながり、鎖や網のような構造物を幾層にも形成して、部屋や通路のある"生きた野営地"を組むのだ。
　最終的には総勢30万匹のコロニーのすべてのアリがやって来る。最後に到着する働きアリは、卵や幼虫と女王アリを、前夜の巣から新しい巣の中心部に運び込む。アリに卵を産み付けて寄生するノミバエの仲間に見つからないよう、引っ越し作業は暗くなってから行う。夜の間に巣の形を変えることもある。表面積と体積の比率を変えて熱の出入りを調整し、"保育室"の温度を一定に保つためだ。
　グンタイアリは、アリやハチといった社会性昆虫の巣を襲って暮らす、いわば遊牧狩猟採集民。夜明けとともに隊列をなして巣を出発し、いくつかの部隊に分かれてコロニーに持ち帰る虫などの食べ物を探す。森の地面や枝の間を部隊が効率的に移動するため、爪でつながって体で橋を作ることもある。リーダーは置かず、「群れの知能」で動く。一日の終わりには、新たな野営地を決め、再び巣を組み始める。前夜の巣は解体し、無数の働きアリが動き出す。新しい巣ができると、再び女王アリや子供たちを移動させ、また夜明けまで休むのだ。

撮影　クリスチャン・ツィーグラー

ハエの背くらべ
ナガズヤセバエ

　熱帯の昆虫の生態はほとんど知られていない。足の長いナガズヤセバエの仲間も例外ではない。つまり、非常に美しいこの作品は、稀少な記録という意味でも特別な写真なのだ。2匹の雄のハエの体長は1.5センチ。インド洋に浮かぶフランス領レユニオン島の民家のテラスで、仲間とともに新鮮なヤモリの糞に群がっていた。
　写真家が見ていると、時折その中から2匹の雄が抜け出し、「互いの周りを回ったり、前足で殴るようなしぐさをしたりと、戦いの踊りのような動きを始めた」という。最終的には口と肩、前足を押し付け合いながら、できるだけ背伸びをして、決着がつくまで背の高さを競っていた。雄のナガズヤセバエの足が雌よりも長いのは、この戦いの儀式で使うためかもしれない。
　これまでの研究で、他のナガズヤセバエの仲間は、雌の産卵の準備ができると、交尾の権利を巡って雄同士が戦うことがわかっている。そして交尾がすんで雌が産卵を始めると、雄は長い足で雌を囲って、ライバルの雄が近づくのを防ぐのだ。

撮影　クラウス・タム

母と娘の熾烈な戦い
トラ

　「身の毛がよだつような激しい吠え声」に思わずすくんだと、写真家は振り返る。若いトラ同士の遊びの喧嘩とは一線を画する、母と娘の本気の戦いだった。勝ったのは体格で勝る母親（左）だ。娘は引っかかれ、地面に叩きつけられると、逃げ去った。

　母親はインドで名高い雌トラ、マッチェリ。多くの写真家を魅了した、ランタンボール国立公園のスターだ。卓越した狩りの腕前や巨大なワニをも仕留めた凄まじい力に加え、母親としても有能だった。雄のトラにも一目置かれる程の存在だったという。

　トラの母親は、成長した子供たちが自分の縄張りにいることをしばらくの間は許すが、次の子供を身ごもったり、食料が不足して競争相手となったりすれば、自分の子供といえども容赦はしない。娘サトラが縄張りを追われたのも、そんな事情だ。後にサトラは戻ってきてマッチェリに勝利し、縄張りをすべて奪い取った。2016年、マッチェリは野生のトラとしては最高齢の20歳になった。ワニとの戦いで犬歯を失い、小さな獲物を狙うか、ヒョウの獲物を横取りするしかなくなっていた。それでもマッチェリの優秀さは、子孫に受け継がれている。ランタンボールだけでなくラージャスターン州のサリスカ・トラ保護区にも、新たな縄張りが持てるよう、マッチェリの血を引く2頭の雌が移されている。

撮影　アンディ・ラウス

勇敢な卵泥棒
ハエトリグモ

　風で飛んできたゴミか昆虫の死骸のように見えるのは、足を体にぴったり付けた2ミリ足らずの茶色いクモだ。フィアケスというスリランカのハエトリグモの仲間で、他のハエトリグモを捕食する。大きいほうはエプスというハエトリグモで、自分の巣に卵を狙う侵入者がいることに、まだ気づいていない。

　エプスなどハエトリグモの仲間は、六つの目で全方位を見渡すことができる上、前を向いている二つの目は際立って大きく、獲物を狙うのに打ってつけであることを考えると、侵入者フィアケスの生き方は危険極まりない。この雌は、敵の目にとまらないよう、小刻みな歩幅で体を揺り動かすようにゆっくりと進み、首尾よく巣に忍び込んだ。風で転がっている塵にそっくりだ。いよいよ卵に近づくと、動きを止め、触肢や足を引っ込めて、好機をうかがう。ついに卵を手にすると、穴を開け、中身を吸い出した。

　通常、クモは食べ物を液化して食べる。鋏角(きょうかく)と呼ばれる口器を用いて毒を注入し獲物を動けなくすると、消化液を流し込むか酵素を吐きかけてから、かみ砕くか中身を吸いだすのだ。おそらく写真のフィアケスは、危険を承知でこの巣に居座り、残りの卵も食べるつもりだろう。栄養ドリンクのように卵を飲み干し、まんまと逃げおおせるに違いない。

撮影　マーク・W・モフェット

熟練のハンター
ハイイログマ

　ここは米国アラスカ州カトマイ国立公園。雌のハイイログマが、クリアック湾に注ぎ込む小さな川の淵に陣取ってサケを捕っている。上流で産卵するために集まってきたサケは、これから早瀬を遡ろうとしているところだ。
　夏の終わりが近づくと、太平洋から生まれ故郷の川に戻ってくるサケを目当てに、アラスカ南部に生息するハイイログマがこぞって川にやって来る。
　熟練のハンターであるこの雌は、水深によって狩りのテクニックを使い分ける。撮影時は、大群の上を泳ぎ、爪のある大きな前足でサケをすくい取ろうとしていた。
　カナダとアラスカのハイイログマの多くは、冬眠に備えて体重を増やすため、秋に遡上する脂の乗ったサケをたらふく食べる。特に雌は、子供を生み、春まで授乳するためにも十分な栄養を蓄える必要がある。
　ハイイログマは、植物性の食べ物を主食にして生きることもできるが、サケが捕食できる地域に生息している個体の方が有利である。彼らは広い縄張りを持たなくても、体重を早く増やして大きく成長し、多くの子供を産むことができる。川沿いの生態系もサケの恩恵を受けている。サケを捕食するハイイログマの食べ残しや糞によって、土壌が豊かになっているのだ。

撮影　ポール・スーダーズ

水中生活

ビーバー

　フランスのロワール川で、ポプラの枝などの植物を口いっぱいにくわえたヨーロッパビーバーが、家族が待つ巣の入り口を目指して泳いでいる。この辺りは比較的水深があるため、ここに住むビーバーのカップルは水上ではなく、土手のポプラの木の根元に穴を掘って巣にしている。木の根は、通路や家族が暮らす部屋の支柱の役割を果たす。水深がもっと浅い場所なら、川をせき止めてダム湖を作り、その中に丸太や枝、石、泥などを積み上げてロッジと呼ばれる小屋を建てる。

　いずれにせよ、部屋は水面より上で、入り口は水中だ。食料は夜間に探すことが多いが、邪魔が入らなければ、このビーバーのように昼間も活動する。10〜15分も呼吸を止めたり、鼻孔や耳を閉じたりすることができる上、透明なまぶたのような瞬膜が目を守るため、潜水はお手のものだ。また、のみのような門歯の後ろで唇を閉じることができ、水中でも歯が使える。冬眠はしないが、寒冷地に住むビーバーは水面が凍った場合の巣ごもりに備え、大小の枝を蓄える。

　写真のビーバーは1970年代にロワール川に再導入されたグループの子孫だ。かつて各地に生息していたヨーロッパビーバーは、乱獲により絶滅に追い込まれた。毛皮の他、2層の被毛の撥水性を保つ物質を分泌する、尾の下の腺が狙われたのだ。

　ヨーロッパでは、少なくとも24カ国がビーバーを再導入した。西欧で現在も公的な再導入プロジェクトを継続しているのは、イタリアと英国のグレートブリテン島など数カ所だ。

撮影　ルイ＝マリ・プレオー

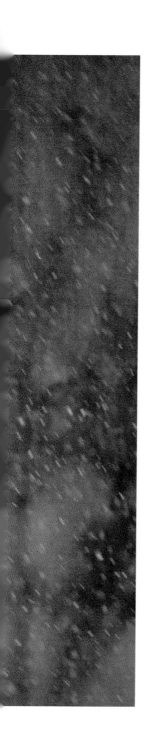

森の大工

クマゲラ

　緑の茂る小道に向かって、巣穴掘りに励むクマゲラが木くずを放り投げる。この雄は3月初めから2週間、この作業にかかりきりだ。フィンランドで地面に大きな木くずが散らばっていたら、このヨーロッパ最大のキツツキの仲間が巣作りをしているとみて間違いない。巣穴の入り口は、松の幹の地上7メートルのところにあり、内部はおそらく下に向かって60センチほど掘られている。

　こんなに激しく木にくちばしを打ち付けたら、頭痛や脳の損傷といった弊害が起こりそうだが、クマゲラの場合、くちばしと頭蓋骨の間に、弾性のある組織がある上、頭蓋骨の内側がスポンジ状になっているため衝撃を吸収できるのだ。また、特殊な構造の舌骨が振動をかわすとともに安全ベルトの役割を果たしている。のみのようなくちばしは、内側の骨は固く、外側の層は柔軟で振動の衝撃を緩和する。そして常に成長し続けているため、摩耗する心配もない。剛毛によって狭い鼻孔に木くずが入るのを防ぎ、木を突いている最中は、厚い瞬膜が目を覆って保護する。

　雌は巣が気に入れば2〜8個の卵を産み、夫婦が交代で卵を抱く。交代時間になると、穴の中と外から叩いて連絡を取り合う。楕円形の入り口はクマゲラにぴったりのサイズだが、その大きさゆえにマツテンが押し入ってきて、卵やヒナだけでなく親鳥まで食べられてしまうことがある。翌年になって、巣の場所を覚えていたマツテンが戻ってくるリスクを避けるため、クマゲラは毎年新しい巣穴を掘る。

撮影　ベンジャム・ペンティネン

巣に向かって一直線
カワセミ

　ストロボの光の中を、ヒナに与える小魚をくわえたカワセミが、巣穴に向かって一直線に飛んでいく。巣の下流側に突き出た枝にいるのは、パートナーの雌だ。次に産む卵のための新しい巣の準備に取り掛かっている。
　写真家は、このつがいが数年前から縄張りにしているイングランド南西部のこの川を熟知しているが、撮影は容易ではなかった。小さなカワセミは、臆病で動きが俊敏だ。しかも垂直の土手に掘られた巣穴は、川面から2.5メートルのところにある。増水しても水没せず、天敵にも狙われにくい場所だが、撮影には不向きだ。カワセミと土手、そして背景がはっきり写るように光を当てるのは至難の業だった。
　小魚が十分に取れれば、カワセミは25日間ほどで子育てを終える。この巣のヒナたちは4月半ばから5月半ばにかけて育てられた。親鳥は日の出から日の入りまでせっせと働き、扱いやすく飲み込みやすい好物のミノウをはじめ、合計1000匹以上の小魚を巣に運んだ。小魚を確保するため、カワセミにとって、巣穴の場所と縄張りの選定は極めて重要だ。小さな魚がよく見える比較的浅い清流で、川面に足場になる枝が張り出している必要がある。ヒナは羽毛が生えそろってから2週間たつと、親の縄張りから追い出される。この巣のヒナたちもまもなく巣立ちの時を迎え、つがいは次の卵の世話に専念する。

撮影　チャーリー・ハミルトン・ジェームズ

夫婦で子育て

カワセミ

　雄のカワセミが卵を温める番になった。吐き戻した魚の骨や鱗でいっぱいの巣に、真ん丸に近い、光沢のある白い卵が7つ並んでいる。雄は卵の真上に座ると、一つ一つの卵を少しずつ転がし、均一に温まるよう気を配る。
　ここはイタリアのリグーリア州を流れるスクリービア川の土手。前年にカワセミが使っていた巣穴が壊されてしまったため、写真家が人工の巣穴を掘った。さらに巣の壁にガラスをはめ込み、人が入れる大きさの穴を隣に掘ることで、内部の撮影を可能にしたのだ。巣穴は暗く保つ必要があるが、カワセミは時折光るストロボやシャッター音を気に留める様子もなく、安心しきっている。
　つがいは交代で卵を温める。雌のくちばしは下側がオレンジ色である点を除き、雌雄はそっくりだ。外出から戻ったカワセミは、巣穴の入り口でパートナーを呼び出す。この時は巣穴に入る雄が、雌に小さな魚をプレゼントした。20日ほどして卵が孵ると、夫婦が交替でヒナのために魚を運ぶ。どちらかというと魚を運ぶのは雄の方が多く、雌は一晩中ヒナの世話をしていることもあるようだ。このつがいは、初めて人工の巣穴を使った年、7個の卵を2度育て、その後数年間、ここで繁殖を繰り返した。

撮影　アンジェロ・ガンドルフィ

海底の怪獣
タイセイヨウセイウチ

　グリーンランド沖の海底で、大きな雄のタイセイヨウセイウチが、泥の中の貝を掘り出し、中身を食べている。脂肪に覆われたこの巨大な動物は、雄の場合1450キログラム以上にもなるが、意外にもハマグリ、ザルガイ、イガイなどの二枚貝や小さな海底生物を主食としている。30分も海に潜っていることができる上、栄養価が高い貝を素早く、効率的に探して食べることができるのだ。
　写真のセイウチは右のひれ足で（セイウチは右利きが多い）、海底の堆積物の表層を掘って二枚貝を掻き出すと、舌をピストンのように動かし、驚異的な速さで柔らかい身を吸い出した。セイウチが1分間に6個以上のハマグリを食べたという記録もあるくらいなので、1回の潜水で50個ぐらいの貝は食べることができると考えられる。ひれ足で泥を掘るだけでなく、口から勢いよく水を吐き出して堆積物を吹き飛ばしたり、泥の中に直接顔を突っ込んだりすることもある。獲物の数や、明るさ、水の透明度によって様々な手法を使い分けるのだ。
　触覚よりも視覚の方が発達しているため、獲物を捕るのは主に日中だが、夜のこともある。目は小さいが、網膜の後ろに光を反射するタペタムという層があり、わずかな光でも獲物を探せるのだ。また、目を正面に向けて両眼で物を見ることもできる。写真のセイウチは、目をぎょろりとさせ、これから海面に出ようと周囲を見渡しているようだ。牙（犬歯）は、獲物を捕るためではなく、氷や岩の上にはい上がるときや、身を守るのに使う。写真のような大きな雄の場合、首のまわりが厚い丈夫な皮膚に覆われており、戦いにも用いる。

撮影　ゴラン・エルメ

求愛の切り札

オオニワシドリ

　雄のオオニワシドリが自慢のピンク色のクリップを振りながら、自分の"あずまや"をのぞき込んでいる。こちら側にいる雌を、木の枝で編んだトンネルの中に誘っているのだ。雌が通る道には緑の種が少し置かれていて、トンネルの先の求愛の舞台が、緑と白で美しく飾られていることをほのめかしている。
　この雄は緑と白が好きなようだが、ガラスやカタツムリの殻、小石や種などの中に、赤やピンクのとっておきの飾りがちらほらあしらわれている。オーストラリアのクイーンズランド州タウンズビルにある大学のキャンパスから集めてきたプラスチックのかけらだ。雌が雄の誘いに応えてあずまやに足を踏み入れると、雄は頭をもたげ、ピンクのアイテムなど様々なお宝を次々と見せてアピールしながら、幅広いレパートリーを誇る他の鳥の鳴きまねを披露する。
　あずまやは、陽光がスポットライトの役割を果たすよう、向きも計算して作られている。あずまや、装飾のセンス、渾身のパフォーマンスに満足し、近隣の雄よりも立派だと判断した雌は、雄をあずまやに招き入れ、カップルが成立する。束の間の交尾が終わると、雌はあずまやを去り、自分の巣で子育てをする。子育てにパートナーの助けは要らない。ヒナが孵る頃、オーストラリア北部はモンスーンの季節で、食料が豊富だからだ。
　雄は引き続き、あずまやのメンテナンスに励み、一段と装飾を華やかにして、別の雌にアピールする。ニワシドリの寿命は20年以上で、雌に人気があるのは熟練の"建築家"だ。自分のあずまやを美しくするために、近くの若い雄のあずまやから宝石を盗むような雄がもてるのだ。

撮影　ティム・レイマン

縄張り争いの死闘
ヘルベンダー

　急流に押し流されながら、2匹の雄のヘルベンダーが、あごを突き合わせ、体をよじらせて、縄張り争いの死闘を演じている。この縄張りは、川の真ん中に大きくて平らな石があり、その下に空洞がある。理想的な産卵場所だ。縄張りの主になれば、この穴に雌を誘い込み何百という卵を産ませる。複数の雌を招き入れることもある。卵を受精させると、雄は雌を追い出し、病原菌や捕食者から受精卵を守る。結局、元々この縄張りに君臨していた大きいほうの雄が勝った。

　ヘルベンダーは体長74センチにもなる、北米に生息するオオサンショウウオの仲間だ。楔形の頭といい、しわしわでぬめりのある皮膚といい、沼地の主のような姿だが、実は流れが早く酸素の豊富な清流にしか生息できない。水の中では皮膚で呼吸をするためだ。しわは、皮膚の表面積を大きくするのに役立っている。

　水質の悪化と陸からの泥などの流入による生息地の消失や、ペットとして違法に取引されたことが原因で、成長が遅く、寿命の長いこの両生類の生息数は80〜90%も減少してしまった。現在の主な生息地は、抜群の水質と透明度を誇るアパラチア山脈の清流だけだ。

撮影　デビッド・ヘラシムチャック

折り重なる求婚者
アオウミガメ

　アオウミガメは、長い一生の大半を単独で過ごすという。20〜50歳でようやく成熟し、繁殖が可能になる。それからは数年に一度、日照時間と海水温が最適な時に、生まれた海岸に戻って交尾する。

　写真のカメたちの繁殖地は、ボルネオ島サバ州の東海岸沖に浮かぶシパダン島。ウミガメのホットスポットだ。通常、先に雄が海岸に到着し、数週間のうちに雌も到着するが、雌が雄を受け入れるのはわずか数日間だ。たいてい雄の数が雌を上回り、交尾の最中まで熾烈な争いが繰り広げられる。ホルモンに突き動かされた雄たちは、他の雄や人間のダイバーにも見境なくのしかかる。

　写真の雌の背中には、2匹の雄が重なりあって乗っている。下の雄は雌と交尾中だ。ひれ足で雌を押さえ、雌の甲羅の後ろの部分に尾を引っかけて固定し、長いペニスをしっかりと挿入している。その上に重なっている雄は、交尾中の雄を雌から引き離そうと、首や尻尾にかみついている。隙あらば雌を奪おうと周囲をうろつく第三の雄もいる。交尾中の雄は、丸一日雌の上に居座るだろう。5分おきに水面に出て呼吸をしなければならない雌にとっては、なかなかの重労働だ。

　この雌が写真のすべての雄と交尾をすれば、少なくとも3匹の雄の精子を受け取ることになる。交尾が済むと、雌は2週間おきに岸に上がり、1回につき50〜200個の卵を、多ければ5回にわたって産む。無理強いされない限り、もう交尾はしない。沖合で言い寄ってくる雄を、けんもほろろに振り払う。面白いことに、複数の父親の子供が等分に生まれてくるということはまずない。おそらく、最初に交尾した雄の精子が有利なのだろう。

撮影　マルセル・グベルン

湖面の美技
オオヨシキリ

　ヨーロッパヨシキリの細くとがったくちばしは、小さな昆虫を食べるのに向いている。一方、ヨーロッパのヨシキリの仲間で一番大きなオオヨシキリは、ハエや甲虫などの小さな虫から、大きなクモやイトトンボまで、大小様々な獲物を幅広く捕る。

　それにしても、オオヨシキリが急降下してきて、目の前でミノウを捕まえたのには、写真家も唖然とした。湖上で身を隠して一夜を過ごした写真家は、夜が明けて食事のためにアシの茂みから出てくるヒメヨシゴイを撮ろうと待ち構えていたため、この瞬間を最高の目線でとらえることができたのだ。

　ハンガリー南部のキスクンサーグ国立公園にあるこの湖には、アシが密生し、普段ヨシキリが食べている獲物も豊富にいる。撮影時もごく普通の朝だった。だが、オオヨシキリは気まぐれで、空中アクロバットも得意としている。このオオヨシキリは、湖面から飛び立つ昆虫をよく捕まえているのだろう。そしてアシの茂みの中の巣には、たくさんのヒナがいるに違いない。魚が捕れれば御の字だ。小さなカエルやイモリも大歓迎だろう。風が穏やかなこの日は、条件も整っていた。水面をさっとかすめて飛ぶオオヨシキリの目に、きっと水の中の様子がはっきりと映ったのだ。

ベンス・マテ

空き家の住人
アナグマ

　フィンランド中部の森に建つ小さな家を、アナグマの一家が住処にしている。空き家になったところにアナグマが引っ越してきて、地下に巣穴を掘ったのだ。台所のかまどの下に入り口がある。冬の間に巣穴の中で子供たちが生まれた。春になって巣穴から出てきた子供たちは、大人と一緒に食べ物を探しに行けるようになるまで、寝室へ続く階段を上り下りして、家の中で遊んでいた。上の階には他の動物も住んでいる。
　食べ物は方々へ探しに行く。森のはずれの牧草地では主食としているミミズなどの無脊椎動物を探す。秋には、森の中のハシバミの木の実を食べて栄養を蓄え、夏から秋にかけては、果樹園で落ちたスモモやリンゴに舌鼓を打ち、茂みのグーズベリーもつまむ。他の空き家にも、別のアナグマの一家が住んでいる。風をしのげる温かい空き家は、大きな石の下に掘る森の巣穴よりも過ごしやすく、冬を越すにはもってこいだ。
　とはいえ、フィンランドのアナグマは、人間を非常に警戒している。少なくとも年に1万匹のアナグマがハンターに殺されているからだ。ヤマウズラ、ライチョウ、ヨーロッパオオライチョウといった狩猟鳥を守るのが目的だろう。アナグマは無脊椎動物を主食とし、他には木の実、果物、球根、塊茎の他、手に入れば農作物などを食べて生きているが、卵やヒナ、小さな哺乳類なども、見つければ手当たり次第に食べるので、ハンターから目の敵にされているのだ。
　子供が冬を越すのに十分な脂肪を蓄えるには、雪のない期間が一定以上必要なため、フィンランドがアナグマの生息域の北限だ。英国などのアナグマに比べると、フィンランドのアナグマは遠くまで食料を探しに行くため、一家の行動範囲が広く、他の家族とテリトリーが重なっていることが多い。

撮影　カイ・ファガーストロム

シマウマの子を抱く
ライオン

　雄ライオンが、幼いシマウマの子供を抱いている。ライオンの腕はそっと置かれていて、シマウマの子に怪我はない。一見微笑ましい光景のようだが、決してそんなことはない。ボツワナのチョベ国立公園のこのライオンは、自分の縄張りを移動していたシマウマの群れから、はぐれた子をさらった。

　撮影時、近くには雌ライオンが1頭いるだけだったが、シマウマの子が立ち上がって歩き去ろうとしたちょうどその時、プライド（ライオンの群れ）の仲間が到着し、数分とたたないうちに、シマウマの子は捕らえられ、殺された。雄ライオンはおそらく、か弱い幼い獲物をもてあそんでいるうちに、しばし興味を失っていただけなのだろう。シマウマがもがけば、たちまち殺されていたはずだ。まだ逃走する本能が発達していないごく幼いアンテロープがライオンに捕まり、ライオンを捕食者ではなく守護者だと勘違いして抵抗しない場合、ライオンもすぐには殺さないことがあるのだ。

　それとは違い、雌ライオンが獲物となるはずの動物の子供をさらい、数日間から数週間、手元に置いていたという稀有な出来事が、2004年にケニア北部のサンブル国立保護区で起きた。雌ライオンがオリックスの子供を捕まえて手元に置き、添い寝をし、他の捕食者から守ったのだ。この雌ライオンは5回もオリックスの子供を捕まえ、そのたびに自分の子供のように面倒を見ている。片時も側を離れず、他のオリックスと接触しないよう気を配った。最初の子供は2週間たったある日、雌ライオンが寝ている間に雄ライオンに殺され、2回目から4回目まではレンジャーが取り上げた。最後は生まれて間もない子供だったため、飢え死にした。

　この雌ライオンはおそらく、何らかの心的外傷が原因でこんな異常な行動に出たのだろう。プライドからはぐれ、自分の子供たちとも離れ離れになったのかもしれない。オリックスの子供は、傷ついた心を癒す存在だったに違いない。

撮影　エイドリアン・ベイリー

ギャングの掟
フォークランドカラカラ

　フォークランド諸島の西フォークランド島で、若いフォークランドカラカラの集団がジェンツーペンギンのヒナを取り囲んでいる。親鳥が海に潜っている間、ヒナたちはクレーシュと呼ばれる集団になって身を守る。このヒナはクレーシュからはぐれ、近くにカラカラを追い払ってくれる大人のペンギンもいない、絶体絶命の状況に陥ってしまった。

　カラカラは死肉を食べる猛禽類だが、獲物を殺して食べることもある。知能が発達しており、社会性も高い。チリとアルゼンチンの南端、そしてフォークランド諸島を生息地とするフォークランドカラカラは、死肉、虫、卵、小鳥や鳥のヒナなど、見つけた獲物を手当たり次第に食べる。好奇心が旺盛で、人間の居住地など、意外な場所でも食料を見つける能力があるが、広いペンギンのコロニーに勝る餌場はない。大人のつがいはコロニー周辺に縄張りを持つが、若い独身のカラカラが生きていくには、他の手段を講じなければならない。そこで、徒党を組んで狩りをするのだ。

　大人のペンギンを脅して卵やヒナを奪うこともあれば、弱っているアザラシやヒツジなど、大きな獲物を襲うこともある。それゆえ、フォークランドでは嫌われ者だ。多ければ30羽余りで徒党を組むが、その中にもヒエラルキーがあり、年上で強い個体が優先的に食べ物にありつく。

撮影　アンディ・ラウス

父の奮闘
ウシガエル

　大きな雄のウシガエルが、ぬかるみを掘りながら突き進む。オタマジャクシがいる窪みに水を引き込むため、水路を作っているのだ。南アフリカの夏の気温は摂氏35度を超え、1週間余り前に大雨でできた大きな水たまりは、ずいぶん水かさが減ってしまっている。水を通さない被膜に身を包み、地中の穴で数カ月間休眠していたこの雄は、他のウシガエルたちと同じように、雨に誘われて出てきた。パートナーとなった雌が水たまりの中に産んだ何百もの卵を受精させ、その後も子供たちを守り、水位を管理するためにとどまっている。

　このままでは、水たまりの温度が上がり、干上がってしまうのは時間の問題だ。ただ、浅く温かい水は、オタマジャクシの成長も促す。熱くなり過ぎれば死んでしまうが、適切な水位と温度が保たれれば、卵は17日間でカエルになる。オタマジャクシが生まれてからカエルになるまではわずか5日だが、オタマジャクシは、他のカエルや鳥の格好の餌食になるため、油断大敵だ。オタマジャクシをしっかりと守り、体を張って水位を調整するため、ウシガエルの雄は大きくて強い。カエルとしては珍しく、雄の大きさが雌の2倍もある。写真の雄の体長は20センチ近い。

　性格は獰猛で、歯のある口を大きく開けて、写真家を威嚇してきた。サギさえも寄せ付けないほどの迫力で、子供たちがカエルになるまで守るのだ。ただし、体力を維持するために、何匹かオタマジャクシをつまみ食いすることもあるようだ。

撮影　マーク・ペイン＝ジル

恋が成就した瞬間

ダチョウ

　数日間におよぶ恋が成就した瞬間をとらえた。ケニアのマサイマラ国立保護区でダチョウの求愛を観察していた写真家は、ついに雌が積極的な行動に出る様子を目撃した。自分の羽を繕い始め、雄に近づくと、頭を低くし、広げた羽の先端をはためかせる。そしてそのままの姿勢で、くちばしを開いたり閉じたりしながら踊り始めた。効果てきめんだ。
　雄の首はみるみる赤く染まって膨らんでいく。雌が雄を誘うように少し離れたところに移動して地面に座ると、雄は雌の上にかがみこみ、背中に優しく腰を下ろした。交尾はペニスを使い、ほんの数分で終わる。ペニスを持つ鳥類は珍しく、全体の3％にすぎない。大昔に分岐した、エミューやキウイが属するグループと、ガンやカモが属するグループの鳥だけだ。それ以外の鳥の場合、総排出腔を合わせて交尾するため、精子を取り込むか否かは雌次第ということになる。
　交尾を終えると、雄のダチョウは左右にリズミカルに体を揺らし、翼を震わせ、そっと雌から降りた。雄があらかじめ地面を掘って作っておいた巣に、雌は平均13個の卵を産む。地球上で一番大きな卵だ。卵は雌雄が交代で温める。下位の雌が同じ雄と交尾し、同じ巣に卵を産むことがあるため、卵の数は合計30～70個、時にはそれ以上になることもある。ダチョウが一度に温めることができる卵の数はおよそ20個のため、上位の雌は、他の雌の産んだ卵を選り分けて巣の外に押し出す。

撮影　アヌップ・シャー

命を懸けたレース
ジャガー

　森の中から南米最大の陸上の肉食動物、ジャガーが飛び出して来た。世界最大のげっ歯類カピバラを追って、海岸を全力疾走する。ジャガーという名まえは先住民の言葉「ヤグアラ（yaguará）」に由来する。「一撃で獲物を殺す獣」という意味らしい。その名の通り、獲物を追いかけて捕まえるより、忍び寄るか待ち伏せして、不意をつく狩りを得意とする。

　実際、このカピバラは雌のジャガーを振り切って川に逃げ込んだ。ジャガーも泳げるが、半水生のカピバラは、水面を泳ぐだけでなく、耳と鼻孔を閉じて潜水することができる。

　ブラジルのパンタナール大湿原に生息するジャガーにとって、カピバラは主要な獲物だ。パンタナールのジャガーはアマゾンの熱帯雨林のジャガーよりも大きい。気が向けば、目の前に現れた獲物は何でも捕るが、大きな獲物を仕留めるのに十分な体格と力を備えている。

　カピバラは平均50キログラムと重く、大きな雄は70キロを超えるが、太い牙と強靭な頭部の筋肉を誇るジャガーの華麗な技にはかなわない。忍び寄って飛びかかり、凄まじい力で頭にかみつくと、牙は頭蓋骨を貫通し、脳にまで達する。カピバラを押さえつけてから、喉にかみついて首の骨を折ることもある。カピバラよりも頭蓋骨が厚く、どう猛なワニの仲間カイマンを捕らえる場合は、首の後ろを狙う。川の中から忍び寄ることもある。

撮影　ジギ・コーキ

小さな肉食動物
イエネコ

　縄張りのこととなると、小さな肉食動物も体格に見合わぬどう猛さを見せることがある。写真家が飼っているネコの名はリスカ。ロシア語で「小さなオオヤマネコ」という意味だ。山小屋の外で攻撃姿勢を取り、うなり声をあげてキツネを追い払っている。ロシア極東のクロノツキー自然保護区にあるこの山小屋には、冬になるとキツネが食べ物を求めて始終やって来る。雪深い季節に窓の外をのぞくと、すぐそこで毛を逆立て威嚇しているリスカをよく見かける。

　縄張りを守るときのリスカは、頑として譲らない。キツネがすぐに退散せず、にらみ合いになることもあるが、キツネが一線を越えて近づくとリスカは躊躇なく攻撃に出る。ロシアの自然の中で、キツネとイエネコが顔を合わせることは稀だが、ヨーロッパの都市部では、夜間に両者が出会うのは珍しいことではなく、たいていは互いの存在を気にとめない。英国では1匹のキツネの縄張りに、少なくとも50匹ほどのネコがおり、中には平均的な体格のキツネより大きなネコもいる。

　弱りきったネコや、小さな野良の子を除けば、キツネがネコを殺したという報告例はない。喧嘩を仕掛けるのは、ほぼ例外なく縄張りを主張するネコのほうで、そんな時、キツネは必ず尻尾を巻いて逃げていく。重傷を負うのは、興味津々でネコに近づいてしまう子供のキツネだけだ。

撮影　イゴール・シュピレノック

決闘！
デュエル

ハクガン、ホッキョクギツネ

　ハクガンに攻撃され、ホッキョクギツネが身構える。雄のハクガンは、卵を盗もうと近づいたキツネから、巣を守っているのだ。シベリアの北に浮かぶロシアのウランゲリ島に生息するホッキョクギツネは、主にレミングを食べて生きているが、春は年に一度のご馳走にありつける。10万羽ほどのハクガンが、北米の越冬地から4800キロを超える旅をして、繁殖のために飛来するのだ。アジアで大規模に繁殖をしているハクガンの最後の群れだ。

　ハクガンが卵を産むのは6月初め。雪が融けて露出した地面の面積によって、巣の密集度が変わってくる。巣と巣の間隔が近い場合、ハクガンは周囲の仲間と協力して襲撃者を追い払うことができる。だが最近では北極の気温が上昇し、広範囲の雪が融けるようになったため、巣がまばらになる。その結果、キツネは卵を奪いやすくなり、1日に20個以上の卵を集めて、食料のないときのためにツンドラの地面に隠している。

　親鳥のいない巣や雌しかいない巣は狙い目だ。雌がキツネを追い払おうと巣を離れたすきに、卵をかすめ取ることができる。卵は7月初めの1週間ほどで一斉に孵る。数の多さによって安全を確保するとともに、繁殖の期間を短くすることで、キツネに盗られる卵の数を減らす作戦だ。天候が悪くて産卵が遅れたり、孵化する期間が長引いたりするようなことがあれば、キツネの被害にあう卵が増え、ヒナの数に影響する可能性もでてくる。ヒナの大半が孵ると、ハクガンは一斉に去っていく。大人が集団でヒナを守りながら、安全に食事ができる湿地へと歩いて移動するのだ。

撮影　セルゲイ・ゴルシュコフ

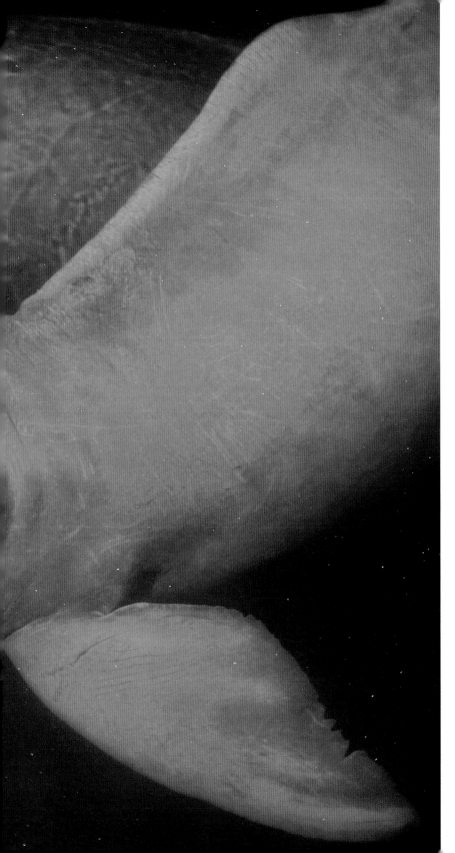

自己アピール
アマゾンカワイルカ

　純粋に、自己アピールが目的だろう。現地でボートーと呼ばれるアマゾンカワイルカの雄が、仲間の前でマククという木の実を放り投げている。周りで見ているのは、だいたい雄のカワイルカだ。
　写真家は、カワイルカが物を使って遊んでいるのを幾度となく見かけている。遊んでいる時間帯は午後が多い。その行動を上から撮影しようと、ブラジルのアマゾン川の支流であるネグロ川の水上に、撮影用の台を設けた。雌が物を使って遊んでいることがないわけではないが、"ボール投げ"をしているのは主に雄のグループで、どうやら真剣勝負のようだ。枝、泥の塊、カメなど、何でもボールにする。
　タンニンが多い水質のため、写真のカワイルカはオレンジ色に見えるが、水面から出ている口吻を見るとわかるように、実際には白っぽい。年齢や性的な成熟度によっては、鮮やかなピンク色の雄もいる。アマゾンカワイルカは世界最大のカワイルカで、体長は2.5メートルにもなる。長いあごは、大きな魚を捕まえたり、潜んでいる獲物を引っ張り出したりするのに好都合だ。海のイルカと異なり、頸椎が癒合していないため、頭を左右に向けることができる。そのおかげで、洪水の森で狩りをするときに木の根を縫って泳ぐことや、ボールを投げることが可能なのだ。

撮影　ケビン・シェーファー

生きている食料貯蔵庫

ミツツボアリ

　巣の中で保存瓶のようにぶら下がっているのは、ミツツボアリだ。腹部は甘い液体でパンパンに膨らんでいる。このアリたちは腹に蜜を蓄えたまま、姉妹たちが蜜をもらいに来るのを、何カ月も待ち続ける。貯蔵を担当するのは、体長15ミリの大型の働きアリ。コロニーが半砂漠地帯の乾季を乗り切るために、こうして蜜を貯蔵しているのだ。

　オーストラリアに生息するこのミツツボアリ（学名 Camponotus inflatus）の巣は、涼しく温度が安定している地中深くまで続いている。中央の通路からは何本もの脇道が出ており、その先に貯蔵室がある。巣はたいてい、アカシア属のマルガの木のそばだ。木の節から分泌される蜜を、食料の収集を担当する小型の働きアリが集め、それと引き換えに、葉を食べる昆虫から木を守る。マルガに食事にやって来るヨコバイの仲間からも、アブラムシが排泄するような甘い蜜をもらい、こちらも外敵から守る。

　収集係のアリは巣に戻ると、貯蔵係の口に蜜を吐き戻す。貯蔵係の腹部にある、そ嚢という器官が蜜で膨れると、腹部を守っている板をつなぐ膜が大幅に伸び、固い部分が濃い色に浮き上がって縞模様に見える。光を当てて見ると、腹部の色は中身によって違う。主な成分がショ糖の場合は薄く、溶けている固形分や、果糖、ブドウ糖が多いほど濃い琥珀色になる。ミツツボアリは、オーストラリアのアボリジニーや多くの野生動物の好物だ。それを考えると、巣が地中2メートルまで掘り下げられているのは、身を守るためでもあるかもしれない。

撮影　マイク・ギラム

愛と死の吹雪
カゲロウ

　百万匹を超えるカゲロウの恋人たちが、吹雪のように舞う。大群の中に佇んでいると、「何百万枚もの絹の羽根で撫でられながら、強風の中にいるようだった」と、写真家は振り返る。
　カゲロウたちが死を目前にした生涯のクライマックスを迎えるため、スペインのエブロ川を飛び立ち始めたのは夕暮れ時のことだ。この川では毎年、8月中旬から9月中旬のある日の夜、カゲロウが群れをなして飛び立つ。その瞬間がいつ訪れるかは、水温や上空の大気の状態といった条件によって変わってくる。この年は9月13日だった。
　次から次へと飛び立つ様子は驚異的だ。生涯のほとんどを水中で過ごした、このオオシロカゲロウ（学名 Ephoron virgo）の幼虫たちは、一斉に脱皮し、成虫になって羽ばたく。雄は続けざまに2度目の脱皮をし、安定して飛ぶための長い尾と、雌をつかむのに必要な長い足を手に入れる。"吹雪"はせいぜい15分で収まる。交尾を終えた雌は、大群を抜け出して川で産卵すると一生を終える。ただ、ここに落とし穴がある。
　カゲロウたちは、月の光に似た街灯に引き寄せられて橋の上に集まるのだが、滑らかな暗い道に映る明かりもまた、川面に映る月の光に似ているのだ。カゲロウの仲間など多くの水生昆虫の目は、光が水に反射する際に生じる偏光を感知することで、産卵すべき水面を認識する。つまり橋の上で交尾したカゲロウの雌たちは、川面と間違えて道路に産卵するという致命的なミスを犯してしまうのだ。ひとえに繁殖のために成虫になったカゲロウたちだが、これでは次の世代の多くの命が橋の上に消えてしまうことになる。

撮影　ホセ・アントニオ・マルティネス

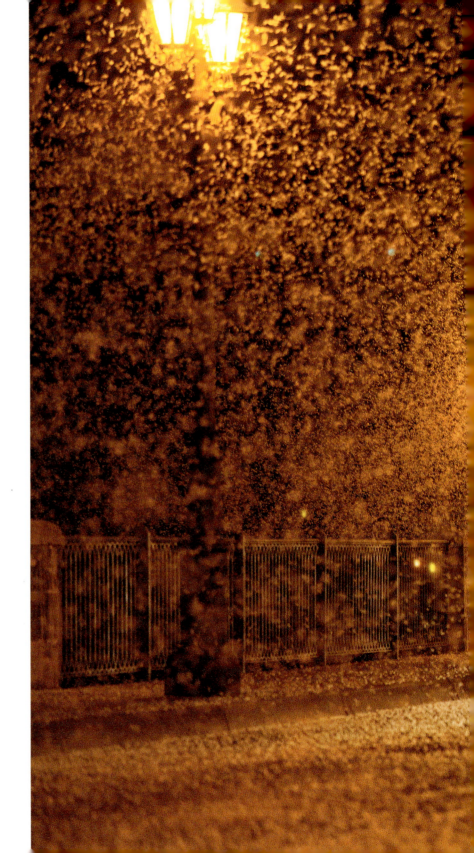

芸術的な漁法
バンドウイルカ

　バンドウイルカの妙技を空からとらえた貴重な一枚。フロリダ州の大西洋沿岸南部に生息するバンドウイルカは、独自に編み出した「泥の輪漁法」で、フロリダ湾の干潟の魚を捕る。

　一匹のイルカが尾を海底に打ち付けて泥を巻き上げながらボラの群れの周りを猛スピードで泳ぎ、ボラを泥のカーテンの中に追い込んでいくのだ。広がっていく泥と近づく捕食者に恐れをなしたボラが、パニックになって水面に跳びはねたところを、周りで待ち構えているイルカたちが食べる。この海域特有の環境に適応するためにイルカが考え出した巧みな漁法だ。成功には仲間同士の絆とコミュニケーションが欠かせない。

　バンドウイルカは「シグネチャー・ホイッスル」と呼ばれる鳴き声によって仲間を識別する。それだけでなく、巧妙な作戦を実行する際に、仲間同士の会話を通じて戦略を練ったり、タイミングを計ったりしている可能性がある。泥の輪漁法が、生まれてから習得する技術であることは間違いない。おそらく母親が若いイルカたちに教えるのだ。輪を描いているイルカは、獲物にありついていない。子供たちに技を伝授している母親なのだろう。

撮影　ブライアン・スケリー

希望の双子
マウンテンゴリラ

　生後6カ月の双子の乳飲み子を抱いているのは、マウンテンゴリラのカバトゥワ。表情が硬いのは、イラクサを食べていたところを、シルバーバック（成熟した雄）のリーダー、ムニニャに追い立てられたからだ。ムニニャが、イサンゴとイサンガノというこの双子の男の子の父親であることは、ほぼ間違いない。
　子供たちはルワンダで毎年開催される、ゴリラの名付け祭りで命名された。2011年2月に誕生した2頭は、ルワンダ史上5組目の双子のマウンテンゴリラだ。子供たちが母親の背中にしがみ付けるようになるまで、カバトゥワは腕に2頭を抱いて移動することを余儀なくされ、歩くのも群れに付いていくのも一苦労だった。子供たちは1歳くらいまで乳を飲み、4歳になるまで、葉を敷き詰めた母親の寝床で一緒に眠った。
　立派な若い雄に成長した2頭は、近絶滅種であるマウンテンゴリラの存続を支える、貴重な存在だ。ルワンダ、ウガンダ、コンゴ民主共和国にしか生息しないマウンテンゴリラは、現在わずか880頭。そのうち480頭がビルンガ火山群に生息している。現在も、生息地の消失や、人間から感染する病気、狩猟用の罠、この地域で今なお続く武力紛争、石油やガス開発の影響といった多くのリスクにさらされている。

撮影　ダイアナ・レブマン

息継ぎ
イッカク

　カナダの高緯度北極圏に浮かぶバフィン島の沖合で、雄のイッカクの群れが融けかけた氷の割れ目から顔を出し、息継ぎをする。長い牙で互いを突かないよう気を付けながら、何回か呼吸をすると、再び海に潜っていった。

　イッカクは北極の氷の下を住処としている。背びれがないのは、一年の大半を氷の下で過ごすためだろう。冬の暗い時期にはエコーロケーションを使って泳ぐ。海面に出て息継ぎをする必要があるため、氷の割れ目から遠くに離れることはない。冬は厚い氷の下で魚を捕って暮らし、夏には決まったルートを通って沿岸に移動する。

　カラスガレイやホッキョクダラ、イカ、エビなどを食べる。咀嚼するための歯がなく、獲物は一飲みにする。上あごには水平方向に2本の歯が生えていて、雄の場合、そのうちの1本が上唇を突き破って長く伸び、らせん状の牙を形成する。牙は3メートル以上にもなり、ディスプレー（誇示行動）や戦いに用いられる。雌にも小さな牙が生えることがある。北極の夏に、ある程度の海氷が溶けるのは普通のことだが、気候変動によって年々溶ける面積が大きくなり、氷が縮小している。その結果、イッカクの生息地が狭まり、夏にはシャチに襲撃される危険が以前より増している。

撮影　ポール・ニックレン

猛者同士の格闘
キタゾウアザラシ

　2頭のキタゾウアザラシの雄が、胸と胸を合わせて激しく争っている。互いに牙で相手にかみつき、掻き切ろうと必死だ。傷だらけの体からわかるように、百戦錬磨の雄同士の縄張り争いだ。

　流血の闘いの末、10分ほどで勝敗が決まり、侵入者は浜辺に退散した。血だらけだが、胸まわりは厚くて丈夫な皮や皮脂に守られているため、さほどダメージは受けていない。2頭はそれぞれ、カリフォルニア州のピエドラス・ブランカス岬の浜辺にあるキタゾウアザラシの繁殖地に縄張りを持っており、自分のハーレムを死守している。

　12月初旬になると、雄たちは浜辺で激しい縄張り争いを繰り広げる。出産を控えた雌たちが数週間後に浜辺にやって来るからだ。支配権を握った雄が一吠えして威嚇するだけで、若い雄はすごすごと逃げていく。縄張りの主は、浜に上がってくる何十頭もの雌を独り占めする。他の雄を追い払い、出産を終えた雌と交尾をするのだ。独り者の雄が浜辺にやってきて、ハーレムの端の方にいる雌とこっそり交尾することもあるため、油断は禁物だ。

　独身の雄の90%は、一生父親になれない。ただ、雌との出会いの場は浜辺だけではない。成熟して初めての年の雌たちをはじめ、浜に上がらずに交尾をする雌もいるため、体の小さな雄も海の中にわずかながら出会いのチャンスがあるようだ。

撮影　ティム・フィッツハリス

群舞
フラミンゴ

　フラミンゴは、儀式のような一糸乱れぬ求愛のダンスをすることで有名だ。強いアルカリ性の湖で藻やアルテミア（ブラインシュリンプ）を食べ、条件が整えば繁殖行動を開始する。
　ダンスを撮影するのは至難の業だ。十分に近づき、動いている何百羽ものフラミンゴの中から、踊り始めるグループを見極め、フラミンゴと同じ高さにカメラを構えシャッターを切る。写真に写っているのは、ケニアのナクル湖のほとりでダンスをしているコフラミンゴだ。朝日を浴びる姿をこのアングルで撮影するには、夜明けにやってきて泥の中に寝そべらなければならない。
　フラミンゴたちは、雄も雌も一塊になってテンポよく動きながら、羽毛を膨らませ、首を上に伸ばし、サクランボ色のくちばしを下に向けて、バレリーナのようなポーズを決める。ダンスは次第に群れ全体に波及し、やがて繁殖可能なすべてのフラミンゴがダンスに加わる。こうして足並みをそろえて繁殖行動を始めることで、条件が整ったときに一斉に巣を作ってヒナを孵し、群れ全体で餌場に移動できるのだ。
　写真のフラミンゴは一様に濃いピンク色をしている。成熟し、繁殖の準備が整っている証だ。湖面からすくい取って食べている藻に含まれるカロテノイドの影響で、地肌や体内も含め、全身がピンク色になる。

撮影　トッド・グスタフソン

尻尾でぶらんこ
マラバーラングール

　日暮れが近づき、マラバーラングールの群れが樹上で眠りにつく準備を始めた。だが写真の赤ん坊はまだ遊びに夢中だ。2匹の若いラングールの尻尾をつかんで、ぶらんこを楽しんでいる。特に気に留めていない様子の2匹と対照的に、赤ん坊は大はしゃぎだ。しまいには落下したが、すぐにまた木に登って、同じ遊びを4回も繰り返した。母親は全く意に介していない。若いラングールたちは、じゃれつく赤ん坊に我慢強く接している。

　ラングールは高度な社会性を持つ動物で、子供は全力で遊ぶ。遊ばなくなるのは、葉や植物が不足し、食料を探すのが最優先事項になったときだけだ。幼い子供は、年上の子供や若いラングールと遊び、大人が一緒に遊ぶことは滅多にない。アクロバティックな遊びは、木登りの練習になり、骨や筋肉の発達に役立つはずだ。また、遊びを通じて社会的な絆を深め、コミュニケーション能力も高めるため、遊び仲間の選択も重要だ。

　レスリングも頻繁にやる遊びだ。優位な個体を選び出すとともに、忍耐、協調性、公正さといった社会生活に必要な能力を身に着ける。若い個体は幼い子に対しては非常に寛容で、自主性を大事にしながら、遊びが喧嘩に発展しないよう、限度やルールを学ばせる。若いラングールにとっては、仲間との絆を保つのに欠かせない身づくろいも遊びのうちだ。

　脳の大きな生き物にとって、遊びは脳の発達に不可欠だという説がある。オウムやカラスの仲間といった非常に賢い鳥を除き、遊ぶのは哺乳類だけだ。また、脳の大きさと遊びの量には因果関係があるようだ。遊びによる刺激が脳の形成に直接影響しているのかもしれない。

撮影　トーマス・ビジャヤン

圧巻の大移動
ムンクイトマキエイ

　ムンクイトマキエイの大群が、メキシコのコルテス海の浅瀬を埋め尽くす。写真に写っているのは群れ全体の4分の1にすぎない。しかも水中に潜っているエイもいるため、実際には海面から見えている数の倍はいる。写真家とパイロットは20年間この海域を見てきたが、こんな光景に遭遇したのは初めてだった。すべてのエイが同じ方向に泳いでいるが、目的や理由はわからない。

　このエイが正式に新種と認定されたのは1987年と比較的最近のことで、コルテス海の南部からペルーにかけての東太平洋の沿岸に生息していることが確認されている。生態については、雌雄が一緒に大群を作るということ以外、謎に包まれている。大群になるのは、交尾のためか、あるいはプランクトン状の甲殻類や小さな魚を食べるためだろう。胸びれを翼のように上下させ、速く泳ぐことができる。時々、仲間同士で空中ショーを演じているかのように、海面から勢いよく飛び出し、高速回転や宙返りをしてから、バシャリと海の中に戻る。群れにもっと仲間を集めようと誘っているかのようだ。

　ただ、他の種のエイと同じように、群れで移動するがゆえの弱点がある。容易に捕獲されてしまうのだ。流し網にたまたまかかってしまい、1度に何百匹というエイが捕まることもある。エイは卵胎生で、妊娠期間が長い上、出産する子供は1匹だ。成熟するのにも年月を要する。このままでは、圧巻の大移動が見られなくなる日がいつか訪れるだろう。

撮影　フロリアン・シュルツ

謎の行進

クモガニ

　毎年冬が近づくと、何かが引き金になってオーストラリアのクモガニの仲間が行進を始める。きっかけは水温の変化や月の周期かもしれないが、確かなことはわからない。生息地や生態についても謎が多い。唯一はっきりしているのは、4〜6月のある時期になると浅瀬に集まるということだ。

　数千匹から数十万匹ものクモガニの群れがビクトリア州、南オーストラリア州、タスマニア州沿岸の入り江を目指す。浅瀬に着くと次々、積み重なり、時には1メートルの高さになる。さながら大掛かりな組体操だ。敵を警戒し、集まることで体を大きく見せている可能性もある。

　入り江にやって来るのは、集団で脱皮をするためだ。カニには骨がなく、殻が骨格の役割を果たす。成長のためや、破損した殻を交換するため、古い殻を捨てて新しい殻を手に入れる必要がある。脱皮は穏やかな入り江でなければできず、危険を伴う。足や体を古い殻から引き抜くのに30分もかかる上、新しい殻は柔らかく、目につきやすいオレンジ色をしている。

　古い殻なら海の生き物などが付着していてカモフラージュになるが、まっさらの殻ではそれも無理だ。そこで大群になって安全を確保しているのだろう。ほとんどのクモガニが、1週間以内に脱皮し、新しい殻が固くなると、古い殻が散らばった海底を後にする。

撮影　パスカル・コベー

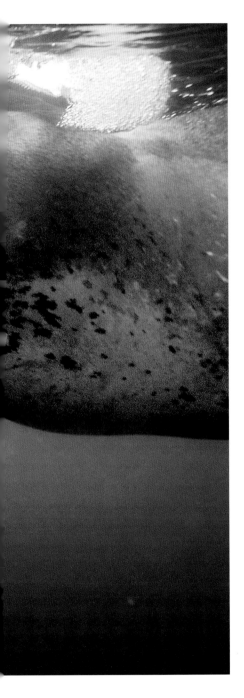

撮影　ポール・ニックレン

不思議な交流
ヒョウアザラシ

　ヒョウアザラシが泡を吹きながら、写真家のポール・ニックレンにペンギンを差し出している。何か言っているようだが、その内容は想像する他ない。ヒョウアザラシの生態についてはまだ謎が多く、こんなに親密に接触したのはポールが初めてだろう。

　ポールは、海の中に入った自分にヒョウアザラシがどう反応するか観察しようと思いついた。恐ろしい生き物だという人々の先入観を払拭したかったのだ。場所は、南極半島に近いアンバース島沖。ヒョウアザラシの食べ物である若いペンギンが大量に巣立ちする時期を狙った。海に入った初日に、3.5メートルもある大きな雌が口を大きく開け、すごい勢いでまっすぐ泳ぎ寄ってきた。縄張りのアピールだろう。正直なところ、ハイイログマの頭よりも大きな顔が間近に迫ってきて、ポールも一瞬凍りついた。

　2回目に海に入った時は、その雌が足ひれでペンギンを抱えて泳ぎ寄ってきた。ペンギンをポールの方に放つと、再び捕まえ、そしてまた放つ。これを数回繰り返した後、目の前で食べて見せた。その日はさらに数羽のペンギンを運んできた。翌日もペンギンを持ってきたが、今度はペンギンを殺し、体を使ってポールに差し出した。ポールが反応を示さないのを見ると、ポールに向かって泡を吹き始める。ちょっといらだっているようだった。

　この雌にポールを傷つける気はなく、コミュニケーションを取りたがっているのは明らかだった。過去には挑発したわけでもないのにヒョウアザラシに人が襲われたという複数の記録があり、英国の科学者が溺死した例もある。だがポールは、このヒョウアザラシとの交流の経験から、あることを確信した。ヒョウアザラシにも、他の哺乳類の捕食者と同じように個性があり、敬意をもって接すれば必ずしも攻撃的な生き物ではないということだ。

冷血な殺し屋

　突然のすさまじい音に、緊張が走った。海面に何かが打ち付けられ激しい水しぶきが上がっている。写真家はコスタリカの太平洋側の秘境の海岸で、オオメジロザメを探していた。沿岸で狩りをしていたという目撃情報があったのだ。

　だがそこで目の当たりにしたのは、大きなアオウミガメの甲羅をつかんでいる巨大なアメリカワニだった。カメは何とか逃れようとのたうち回る。ワニは浜に上がると、凄まじい勢いでカメの足と頭に立て続けに噛みついた。甲羅の上から攻めるよりも確実に殺せる方法だ。それからカメを引きずって波間に戻り、河口の方に向かっていった。そこでカメを引き揚げ、かみ砕くつもりだろう。

　ワニの仲間は地球上の生き物の中で一番かむ力が強い。口に挟めば、カメの甲羅も砕いてしまう。かむ力の秘密は第二のあごの関節にある。かむ力を強くするとともに、食べる時にあごがよじれるのを防ぐのだ。沖合で狩りをしていた巨大な先史時代のワニも、ウミガメが好物だった可能性が高い。現在生息するアリゲーターやクロコダイルも淡水のカメを食べる。また、イリエワニがカメの後をつけて繁殖地を襲い、盛んに浜のカメを食べていたという報告もある。

　ただ、ウミガメにとって最大の脅威はワニでも、天敵のサメでもない。人間だ。漁業の網や船、汚染、ビニールなどのゴミが、ウミガメの命を奪っている。

撮影　アレハンドロ・プリエト

奇跡の出産

セグロウミヘビ

　セグロウミヘビは、陸に上がるとなすすべがない。泳ぐのに適した、平たい体とパドルのような尾では、陸生のヘビのようにはうことができないのだ。陸で立ち往生すれば、干からびてしまう。

　嵐の後の早朝、コスタリカの太平洋岸にセグロウミヘビが打ち上げられていた。一見死んでいるようだったが、5分ほどして、同じ場所に戻った写真家は唖然とした。ウミヘビは生きており、おまけに子供を生んでいたのだ。潮が流れ込むと、疲れ切った母親の横で、生まれたばかりの子供のヘビが元気に体をくねらせた。子供はすぐに波に運ばれたが、母親はしばらくしてから何とか海に入っていった。

　つかんで水に入れてやるのは危険だ。セグロウミヘビの口と牙は小さく、海の中で人間をかむことはないが、不用意に触れればかまれる恐れがある。捕らえた魚を動けなくするための毒を持っており、人間がかまれれば死に至ることもあるのだ。棒などを使って動かせば、柔らかいヘビの体を傷つける可能性があるし、普通一度に2～6匹の子を産むことを考えると、まだお腹に子が残っているかもしれない。

　セグロウミヘビは完全な海生で、生息範囲は極めて広い。インド洋から西太平洋と、東太平洋の暖流域に広く分布している。生態はよくわかっていないが、黒と黄色の警告色が、毒を持つことを物語っている。祖先は陸生のヘビだったため、今でも真水を飲む必要があり、海面に降り注ぐ雨水を飲む。時折海岸から離れたところや河口の近くに出没したり、日照りの後、豪雨の予兆があると姿を現わしたりするのは水を飲むためかもしれない。

撮影　エイドリアン・ヘップワース

隠れ家はシェアハウス
マーラ

　子供のマーラがお尻を母親に向け、匂いを嗅がせている。アルゼンチン南部の平原の巣の中から子供たちを招集したマーラの母親が、自分の子供たちを見わけているのだ。母親は、大きさと匂いで自分の子供を確認すると、腹をすかせた他の子供を追い払い、近くで授乳を始める。母親の横にはパートナーの雄がぴったり寄り添って、外敵に襲われないか見張っている。残りの子供たちは、毎日やって来る自分の親を待たなくてはならない。

　子供たちは巣から遠くへ離れることはなく、大人のマーラが、ワシやキツネの接近を知らせると、すぐに地下に潜る。20組以上のカップルが一つの巣穴で子育てをする。一緒にいる仲間が多ければ多いほど、始終、巣の近くに大人のペアがいて、見張っていることができるため、子供が生き延びる確率が高くなるからだ。親を亡くした子供は、他の母親たちから乳をもらうことができる。こんな風に子供たちを一緒に隠れ家に住まわせる動物は、哺乳類としては珍しい。平原に暮らすマーラが、生まれてから食料探しに連れて行けるようになるまでの数週間、子供を守るための工夫なのだ。

　大きなげっ歯類のマーラは、ウサギではなくモルモットの仲間で、アルゼンチンの固有種。独特の子育て方法だけでなく、一生同じパートナーと添い遂げる点も、他の哺乳類と異なっている。雄は、雌が食べ物を探しに行くときはついて歩き、食事をしていれば、外敵が来ないか見張る。キツネやピューマといった天敵がいることもあって、走るのは速い。捕食者に見つかると、さながらガゼルのように、大げさなほど大きく跳びはねて逃げる。身軽なところを見せつけて、追っても無駄だと敵にアピールしているのだ。

撮影　ダリオ・ポデスタ

ヘビを一飲み
チュウヒワシ

　このチュウヒワシの巣は、スペインのアリカンテに生えるアレッポマツの樹上にある。鳥たちの狩場である、低木の茂る乾燥した大地を見下ろす位置だ。雌は巣の手入れをし、雄はヒナのために長いハシゴヘビを吐き戻している。ヒナはまだ小さいが、ヘビを一飲みにする。
　たいてい鳥は"保険"として2個の卵を産むが、チュウヒワシは1個だけ。一人っ子のヒナに手をかけ、羽が生えそろった後も、数週間にわたり食事を与え続けるのだ。この地域に生息するチュウヒワシの一番の好物はモンペリエヘビで、次がハシゴヘビだ。他の種類のヘビを食べるモンペリエヘビを捕食することで、自ずと色々なヘビを食べていることになる。ヘビを主食とするチュウヒワシの暮らしは、ヘビの生息数に大きく左右される。
　スペインでは、ヘビは法的には保護されているが、いまだに虐げられている。また、道路で日向ぼっこをしていて車にひかれることもあり、生息地の減少と相まって、数を減らしている。ワシの仲間は長寿のため、ヘビの減少がチュウヒワシの数にどの程度影響するかは、今のところはっきりしていないが、今後減っていく可能性は否めない。
　ヒナが完全に独り立ちすると、親鳥は冬を越すためにアフリカのサハラ砂漠の南へ渡り、成長した子供も少し遅れて後に続く。中にはスペインにとどまるワシもいるが、おそらくヘビが冬でも活動している地域に限ったことだろう。

撮影　ホセ・B・ルイス

森を埋め尽くす大群
アトリ

　夕暮れが押し迫る、2月のある日のことだ。アトリは、すでに枝という枝を埋め尽くしているが、ねぐらを探すムクドリのように、あちらこちらから次々集まってきて、頭上を飛び回る。羽音と甲高い鳴き声があたりを包み込み、糞がとめどなく降り注ぐ。
　ハイタカやハヤブサの仲間など、アトリを狙う捕食者もいるが、これほどの大群でいれば安全だ。暗くなるころには、オーストリア南部のこの森の一角に400万羽ものアトリが集結する。冬が始まる前に食べ物を求めて渡りをする大群だ。ヨーロッパでは、種を主食とするこのアトリのような小鳥が、木の実を探して南や西に移動する。ブナの実が好物で、良い餌場を見つけると、木の実を食べつくすか、雪が木を覆うまでとどまる。冬には雌雄それぞれに群れを作る。成鳥との競争に勝てない若い鳥は、食べ物を得るために遠く南へ下る。撮影の場にいた鳥はほとんどが雄だった。
　群れは数千羽の場合が多いが、100万羽を超える大群も珍しくない。フランス南西部では1967年に2000万羽の群れが観測されている。一方、英国やアイルランドにはスカンジナビアやロシアから渡り鳥が飛来するが、100万羽以上の大群は稀で、ねぐらも比較的小規模だ。

撮影　エバルト・ネッフェ

貴重な食べ物
アカライチョウ

　雌のアカライチョウが背伸びをして、雪の上に出ているなけなしのヒースの常緑の葉と種をついばんでいる。珍しく3週間も雪が降り続き、ヒースがほとんど埋もれてしまったため、この雌は仕方なく、スコットランド南部の標高の高い荒野から降りて来たのだ。
　英国に住むアカライチョウはカラフトライチョウの仲間だが、北極のツンドラに住む個体と違って、冬になると主にヒースの一種カルーナを食べる。冬でも羽が白くなることはない。エネルギーを費やしてカモフラージュのために羽の色を変えるほど、冬が長くないからだ。保温効果のある厚い二層の羽毛に覆われ、足もつま先まで羽毛があるため、寒さには強い。雪に穴を掘って、風を避け、寒さをしのぐこともできる。
　心配なのは、雪が多すぎてヒースが埋もれてしまい食べ物がなくなることだ。ヒースさえ見つければ、長い消化管と特別な酵素や腸内細菌の働きによって、窒素やリンといった栄養やたんぱく質を効率よく取ることができる。ただ、繊維が多く固い常緑樹の葉をかみ砕き、ヒースに含まれるタンニンを解毒する必要がある。春が来れば、栄養たっぷりのヒースの新芽にありつける。雌が健康な卵を産むための準備に欠かせないご馳走だ。

撮影　ロン・マッコーム

雪原の刺客
コチョウゲンボウ

　真っ白な雪が被写体を際立たせる美しい作品。コチョウゲンボウがタシギをつかまえる絶好のチャンスを作り出したのも、この雪景色だ。
　2010年の12月初め、英国では2週間にわたって厳しい冬の天候が続き、地面はどこもかしこも凍てついていた。ノースヨークシャー州でも、タシギが蠕虫や昆虫などの無脊椎動物を探す柔らかい地面はほとんどなかった。タシギはひらけた場所で食事をするとき、羽の色でカモフラージュして身を守る。タカなどの襲来に気づいた場合は、茂みから飛び出し、ジグザグに素早く飛んでかわす。
　しかしこの時、タシギは野原の端の貴重な雪のない草むらで食べ物を探していた。カモフラージュが効かない上、奇襲にも気づかなかったのだ。若い雌のコチョウゲンボウは、写真家と同じようにこの辺りに張り込み、近くの枝から見下ろしていたのだろう。さっと舞い降りると、低く飛んでタシギを地面に押さえつけ、頭の後ろを5、6回、突いた。タシギは一たまりもなかった。
　コチョウゲンボウはチョウゲンボウよりもやや小さく、タヒバリやヒバリくらいの大きさの獲物を捕食することが多い。ガやトンボといった虫や、げっ歯類を食べることもある。そして、雄よりも体の大きい雌は、シギなど大きめの獲物もねらう。冬になると、ツバメなどの小さな鳥が南に去っていく一方で、北ヨーロッパの厳しい冬を逃れて飛来するシギの数が増え、コチョウゲンボウにとって格好の獲物となるのだ。

撮影　スティーブ・ミルズ

掃除屋たち
ハゲワシ

　タンザニアのセレンゲティ国立公園の平原でマダラハゲワシがご馳走を独占している。後ろに控えているのは、それよりも体の小さいコシジロハゲワシ。シマウマの死骸の残りを食べる順番待ちをしているのだ。少し離れたところでは（写真の右奥）、大きなアフリカハゲコウがかすめ取った肉を飲み込んでいる。

　アフリカに生息するハゲワシの仲間は、臭いではなく視覚で動物の死骸を探す。温かい上昇気流に乗って飛翔しながら、互いの動きや、ワシなどに目を配るのだ。ワシは最初に死骸を見つけ、やわらかくて食べやすい目や舌を食べる。移動中に命を落としたヌーなど、自然死した動物の場合、小さなハゲワシは死体を切り開くことができないため、体が大きく鉤型のくちばしを持つミミヒダハゲワシや肉食獣などがやって来るのを待つしかない。

　このシマウマはライオンに殺されたため、小さなハゲワシでも食べられる状態になっていた。死骸を食べるハゲワシは、毒の脅威にさらされている。牧畜民が捕食動物を駆除するのに使うカルボフランという農薬に、死骸が汚染されている可能性があるのだ。ハゲワシの胃酸はバクテリアを殺すが、解毒はできない。過去10年間で、数千羽のハゲワシが農薬によって命を落とした。象牙の密猟者もハゲワシを毒殺する。ハゲワシが集まってくると、ゾウを殺した時に見つかってしまうからだ。

　自然界に欠かせない掃除屋たちを脅かしているのはそれだけではない。伝統薬の材料にされるため狩猟対象になったり、風力タービンと衝突したりして死んでいるのだ。成熟に時間がかかることもあって、アフリカのハゲワシの生息数は激減している。過去30年間で主な7種のハゲワシが60％も減少した。そのうちの6種はすでに近絶滅種になっている。

撮影　チャーリー・ハミルトン・ジェームズ

ごみ漁り
コウノトリ

　スペイン南部のアンダルシアのごみ集積場に、コウノトリが集まっている。大人も若い鳥も一緒になって、山積みになっている色とりどりのごみ袋や廃棄物の中から、食べ物を漁っているのだ。

　問題は、ミミズのような輪ゴムやビニールなど、形や色がコウノトリの食べ物と似ているごみを飲み込んでしまい、ときとして命が危険にさらされることだ。子育ての季節には、ヒナに有害なごみを与えてしまうこともある。食べ物が年中補充されるアンダルシアのごみ処分場は、コウノトリにとって便利な餌場だ。中には、両生類、げっ歯類、鳥のひな、魚、ザリガニ、昆虫、ミミズといった自然界の様々な食べ物ではなく、腐敗した残飯を常食としているコウノトリもいる。実際、繁殖や越冬の場所、渡りのルートなども屋外のごみ処分場の位置と関連があるという。

　生物学者は、若い鳥が多くのビニールを飲み込むことでコウノトリの卵に汚染物質が蓄積し、将来の世代の健康に影響するかもしれないと懸念する。ごみ処分場で一年中食べ物を漁るようになって、アンダルシアのコウノトリの生息数は増加した。ところが法規制によってリサイクルや埋め立て、焼却処分が推進され、現在では屋外のごみの山が消滅している。その上、排水路の整備や農業の集約化によって自然の餌場も失われれば、見事な適応力を見せたスペインのコウノトリも、再び深刻なレベルまで減少してしまう可能性がある。

撮影　ヤスパー・ドゥースト

卵を守る父の長い足

ノコギリイッカクガニ

　カナリア諸島沖の海底に、棘だらけの生き物たちが集合している。タイセイヨウガンガゼとノコギリイッカクガニのカップルだ。クモのような8本の長い足を特徴とするこのカニは、水中写真家に人気がある。

　この作品には、ノコギリイッカクガニの生態のすべてが集約されている。棘だらけの矢のような頭が、魚に捕食されるのをある程度防ぐが、補助的な防御手段としてガンガゼを利用している。雄は長い足で雌を囲うように立ち、オレンジ色の卵と雌を、捕食者や他の雄から守っている。

　脱皮したばかりで、まだ殻の柔らかい雌の生殖口に、雄は精子束を入れた。何事もなければ、この雌はこの雄の精子を使って卵を受精させるはずだが、まだ他の雄が精子を押し込んでくる恐れがあるため、雄は気を抜けないのだ。受精後も、雌は腹肢を用いて卵を抱き続ける。やがて腹の下で幼生が孵り、母の元から泳ぎ去っていく。

撮影　ホルディ・チアス

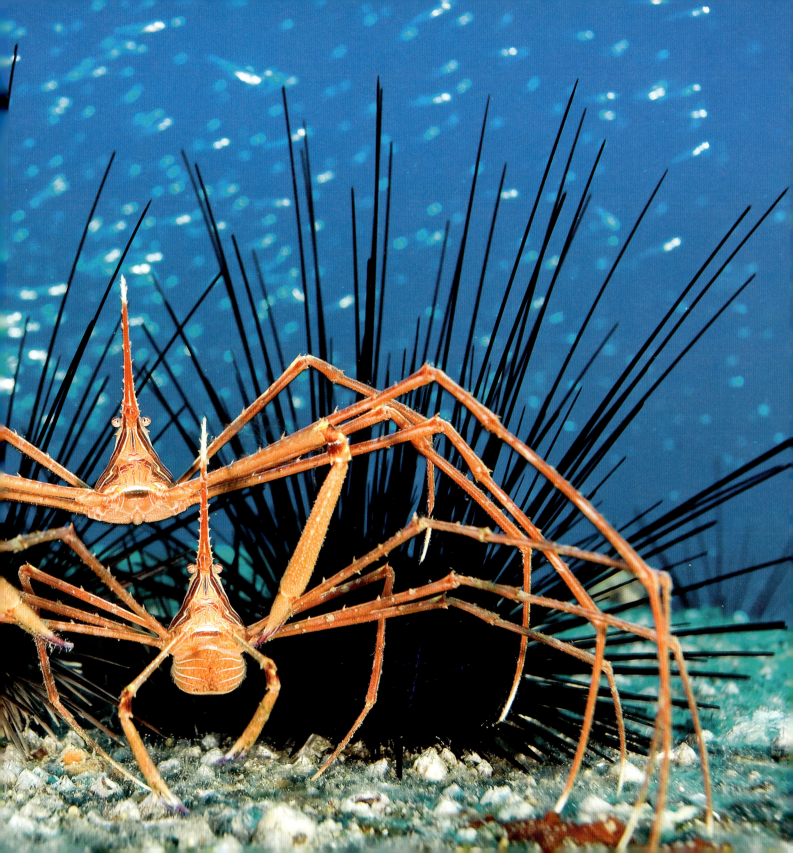

氷上にジャンプ！
コウテイペンギン

　お腹をいっぱいにしたコウテイペンギンが、氷の上をめがけて水の中から勢いよく飛び出してくる。魚雷のような流線型の体と、潤滑油の役割を果たす羽毛から出る泡のおかげで推進力が増し、ものすごいスピードで飛び出すことができるのだ。

　高さのある海氷に飛び乗るため、そして氷の割れ目で待ち伏せしているヒョウアザラシをかわすため、スピードは重要だ。安全を確保するために何百羽という群れになって、弾丸のように次々と現れる。オキアミや魚、イカなどで膨らんだお腹は、着地の衝撃を和らげるクッションの役割を果たす。お腹の中の食べ物は、コロニーで待っているヒナに吐き戻して与えるのだ。

　10キロほど離れたコロニーは、氷に覆われた南極のロス海西部にある。丸々太った人間の幼児くらいの大きさのコウテイペンギンは、ヒョウアザラシの大好物だ。氷の割れ目や、ペンギンが飛び込んでくる場所で待ち伏せして捕まえる。夏の終わりごろ、羽毛が生えそろった若いペンギンが初めて海に入っていくときはヒョウアザラシにとって絶好のチャンスだ。写真のような最大級の大人の場合は機動性でヒョウアザラシに勝るため、広い海に出てしまえば、シャチの群れに出くわさない限り比較的安全といえる。

撮影　ポール・ニックレン

索引

アザラシ
- キタゾウアザラシ 94
- ヒョウアザラシ 25, 105, 126

アトリ 115

アナグマ 67

アリ
- グンタイアリ 38
- ハキリアリ 4, 8, 10
- ミツツボアリ 84

イッカク 93

イルカ
- アマゾンカワイルカ 83
- バンドウイルカ 88

ウサギ ユキウサギ 12

ウシガエル 72

ウニ タイセイヨウガンガゼ 124

エイ ムンクイトマキエイ 100

ガ 21

カゲロウ 86

カニ
- クモガニ 102
- ノコギリイッカクガニ 124

ガビアル 26

カピバラ 77

カメ アオウミガメ 62, 106

カモメ シロカモメ 35, 36

カラカラ フォークランドカラカラ 71

カワセミ 53, 54

ガン ハクガン 81

キツツキ クマゲラ 51

キツネ
- アカギツネ 31, 78
- ホッキョクギツネ 31, 81

クマ
- ハイイログマ 46
- ホッキョクグマ 2, 35, 36

クモ ハエトリグモ 44

コウノトリ
- アフリカハゲコウ 120
- コウノトリ 123

コチョウゲンボウ 118

ゴリラ マウンテンゴリラ 90

サケ 46

サンショウウオ ヘルベンダー 61

シギ タシギ 118

シマウマ 68, 120

ジャガー 77

ジャコウウシ 28

シロイワヤギ 32

セイウチ タイセイヨウセイウチ 57

ダチョウ　74
チョウ
　　オオカバマダラ　16
　　オオタスキアゲハ　18
トラ　42
ニワシドリ　オオニワシドリ　58
ネコ　イエネコ　78
ハエ　ナガズヤセバエ　40
バク　21
ハゲワシ
　　コシジロハゲワシ　120
　　マダラハゲワシ　120
ハト
　　アフリカジュズカケバト　22
ビーバー　ヨーロッパビーバー　48
ヒヒ　チャクマヒヒ　22
フクロウ　アナホリフクロウ　1
フラミンゴ　96
ヘビ
　　セグロウミヘビ　108
　　ハシゴヘビ　112
ペンギン
　　アデリーペンギン　25
　　コウテイペンギン　126
　　ジェンツーペンギン　71

　　ヒゲペンギン　15
マーラ　111
ミズナギドリ　オオフルマカモメ　25
ヨシキリ　オオヨシキリ　64
ライオン　68
ライチョウ　アカライチョウ　116
ラングール　マラバーラングール　98
ワシ　チュウヒワシ　112
ワニ
　　アメリカワニ　106
　　ガビアル　26

写真家一覧

アクセル・ゴミレ　Axel Gomille　ドイツ　16
www.axelgomille.com

アヌップ・シャー　Anup Shah　英国　74
www.shahrogersphotography.com

アレハンドロ・プリエト　Alejandro Prieto　英国　106
www.alejandroprietophotography.com

アンジェロ・ガンドルフィ　Angelo Gandolfi　イタリア　54
gandolfiangelo@gmail.com

アンディ・ラウス　Andy Rouse　英国　40, 42, 71
www.andyrouse.co.uk

イゴール・シュピレノック　Igor Shpilenok　ロシア　78
www.shpilenok.com

ウダヤン・ラオ・パワール　Udayan Rao Pawar　インド　26
udayanraopawar17@gmail.com

エイドリアン・ベイリー　Adrian Bailey　南アフリカ　22, 68
www.baileyphotos.com

エイドリアン・ヘップワース　Adrian Hepworth　英国　10, 108
www.adrianhepworth.com

エバルト・ネッフェ　Ewald Neffe　オーストラリア　115
www.ewaldneffe.com

エリック・ピエール　Eric Pierre　フランス　29
www.boreal-lights.com

カイ・ファガーストロム　Kai Fagerström　フィンランド　67
www.kaifagerstrom.fi

クラウス・タム　Klaus Tamm　ドイツ　40
www.tamm-photography.com

クリスチャン・ツィーグラー　Christian Ziegler　ドイツ/米国　38
www.naturphoto.de

ケビン・シェーファー　Kevin Schafer　米国　83
www.kevinschafer.com

ゴラン・エルメ　Göran Ehlmé　スウェーデン　57
goran@waterproof.eu

ジェニー・E・ロス　Jenny E Ross　米国　35
www.jennyross.com Getty Images　www.gettyimages.co.uk

ジギ・コーキ　Zig Koch　ブラジル　77
www.zigkoch.com.br

ジム・ブランデンバーグ　Jim Brandenburg　米国　12
www.jimbrandenburg.com

ジョエル・サートレイ　Joel Sartore　米国　32
www.joelsartore.com

スティーブ・ミルズ　Steve Mills　英国　118
www.stevemills-birdphotography.com

セルゲイ・ゴルシュコフ　Sergey Gorshkov　ロシア　81
www.gorshkov-photo.com

ダイアナ・レブマン　Diana Rebman　米国　90
www.dianarebmanphotography.com

ダリオ・ポデスタ　Darío Podestá　アルゼンチン　111
www.dariopodesta.com

チャーリー・ハミルトン・ジェームズ　Charlie Hamilton James　英国　53, 120
www.charliehamiltonjames.com

ティム・フィッツハリス　Tim Fitzharris　米国　94
www.timfitzharris.com

ティム・レイマン　Tim Laman　米国　58
www.timlaman.com

デビッド・ヘラシムチャック　David Herasimtschuk　米国　21, 61
www.davidherasimtschuk.com

トーマス・D・マンゲルセン　Thomas D Mangelsen　米国　2
www.mangelsen.com

トーマス・ビジャヤン　Thomas Vijayan　インド　98
www.thomasvijayan.com

トッド・グスタフソン　Todd Gustafson　米国　96
www.gustafsonphotosafari.com

ドン・グトスキー　Don Gutoski　カナダ　31
www.pbase.com/wilddon

ハウイー・ガーバー　Howie Garber　米国　36
www.wanderlustimages.com

パスカル・コベー　Pascal Kobeh　フランス　102
www.scuba-photos.com

ビル・ハービン　Bill Harbin　米国　18
wpharb@comcast.net

ブライアン・スケリー　Brian Skerry　米国　88
www.brianskerry.com

フロリアン・シュルツ　Florian Schulz　ドイツ　100
www.visionsofthewild.com

ベンジャム・ペンティネン　Benjam Pöntinen　フィンランド　51
www.pontinen.fi

ベンス・マテ　Bence Máté　ハンガリー　1, 4, 8, 64
www.matebence.hu

ポール・スーダーズ　Paul Souders　米国　46
www.worldfoto.com

ポール・ニックレン　Paul Nicklen　カナダ　93, 105, 126
www.paulnicklen.com
National Geographic Creative www.natgeocreative.com

ホセ・B・ルイス　José B Ruiz　スペイン　112
www.josebruiz.com Nature Picture Library www.naturepl.com

ホセ・アントニオ・マルティネス　José Antonio Martínez　スペイン　86
www.joseantoniomartinez.com

ホルディ・チアス　Jordi Chias　スペイン　124
www.uwaterphoto.com

マーク・W・モフェット　Mark W Moffett　米国　44
Minden Pictures/FLPA　www.flpa-images.co.uk

マーク・ペイン＝ジル　Mark Payne-Gill　英国　72
www.mpgfilms.co.uk

マイク・ギラム　Mike Gillam　オーストラリア　84
www.vanishingpointgallery.com.au

マリア・ステンゼル　Maria Stenzel　米国　15
www.mariastenzel.photoshelter.com
National Geographic Creative www.natgeocreative.com

マルセル・グベルン　Marcel Gubern　スペイン　62
www.oceanzoom.com

ヤスパー・ドゥースト　Jasper Doest　オランダ　123
www.doest-photography.com

リンク・ガスキング　Linc Gasking　米国　25

ルイ＝マリ・プレオー　Louis-Marie Préau　フランス　48
www.louismariepreau.com

ロン・マッコーム　Ron McCombe　英国　116
www.wildlife-photography.uk.com

ナショナル ジオグラフィック協会は、米国ワシントン D.C. に本部を置く、世界有数の非営利の科学・教育団体です。1888 年に「地理知識の普及と振興」をめざして設立されて以来、1 万件以上の研究調査・探検プロジェクトを支援し、「地球」の姿を世界の人々に紹介しています。
ナショナル ジオグラフィック協会は、これまでに世界 41 のローカル版が発行されてきた月刊誌「ナショナル ジオグラフィック」のほか、雑誌や書籍、テレビ番組、インターネット、地図、さらにさまざまな教育・研究調査・探検プロジェクトを通じて、世界の人々の相互理解や地球環境の保全に取り組んでいます。日本では、日経ナショナル ジオグラフィック社を設立し、1995 年 4 月に創刊した「ナショナル ジオグラフィック日本版」をはじめ、DVD、書籍などを発行しています。

ナショナル ジオグラフィック日本版のホームページ
nationalgeographic.jp

日経ナショナル ジオグラフィック社のホームページでは、
音声、画像、映像など多彩なコンテンツによって、「地球の今」を皆様にお届けしています。

写真家だけが知っている　動物たちの物語

2017 年 11 月 20 日　第 1 版 1 刷

著者	ロザムンド・キッドマン・コックス
訳者	片山美佳子
編集	尾崎憲和　田島進
デザイン	田中久子
制作	クニメディア
発行者	中村尚哉
発行	日経ナショナル ジオグラフィック社
	〒105-8308　東京都港区虎ノ門 4-3-12
発売	日経 BP マーケティング
印刷・製本	日経印刷

ISBN978-4-86313-397-6
Printed in Japan
© 2017　日経ナショナル ジオグラフィック社

本書の無断複写・複製（コピー等）は著作権法上の例外を除き、禁じられています。
購入者以外の第三者による電子データ化及び電子書籍化は、私的使用を含め一切認められておりません。

Wildlife Photographer of the Year: Unforgettable Behavior was first published in England in 2017
by the Natural History Museum, Cromwell Road, London SW75BD.
Copyright ©2017 The Natural History Museum
Photography copyright ©The Photographers
This edition is published by Nikkei National Geographic by arrangement with The Natural History Museum,
London, through Tuttle-Mori Agency, Inc, Tokyo